超Q裝飾小
配件
U0036513
袖珍娃娃迷你包
適合 22cm 及
27cm 袖珍娃娃
的時尚包包
共78款
收錄所有製作方法
na

超 Q 裝飾小物、可愛娃娃配件

袖珍娃娃迷你包

袖珍娃娃迷你包，小巧又仿真的設計，令人愛不釋手。當作娃娃配件、房間裝飾小物或包包吊飾，搭配用途很多元，好玩又有趣。本書收錄各種包款設計，簡單好製作，少量布料就可快速完成。找找自己喜愛的款式，現在就開始動手做。

des mailles et des points
3
LES GUIDES PRATIQUES
MARGUERITE DURAS

攝影協助

AWABEES …………… ☎ 03-5786-1600
EASE ………………… ☎ 03-5759-8266
CLOVER 株式會社 … ☎ 06-6978-2277（客服單位）
https://clover.co.jp/

作品設計

osanpo ippo ………………… http://osanpoippo.com
柏谷真紀（nikomaki*）…… http://nikomaki123.jugem.jp/
Kimura Mami…… https://www.handmade-mike.com/
本橋 Yoshie …… https://www.instagram.com/yoshiemontan/
大和 Chihiro …… https://www.instagram.com/chihiro.yamato/
金丸 Kahori、酒井三菜子、西村明子

收錄的包包尺寸和保存注意事項

- 本書收錄的包款，專為 22～ 27cm 的袖珍娃娃所設計。
- 包包大小為參考尺寸。
- 娃娃不同，整體視覺大小比例感受也會不同，若想與娃娃搭配，請先確認每個包款頁面的實際尺寸。
- 娃娃和包包重疊收納時，可能會發生布料染色的情況，建議分別收放。

Staff

編輯負責人……… 渡部惠理子、小池洋子
製作校閱………… 三城洋子
攝影……………… 淺本龍二
書籍設計………… Miura Shuko
插圖……………… Takeuchi Miwa（trifle-biz）

國家圖書館出版品預行編目(CIP)資料

袖珍娃娃迷你包 / 株式会社ブティック社作；黃姿頤翻譯. -- 新北市：北星圖書, 2020.08
面； 公分
ISBN 978-957-9559-42-3(平裝)

1.洋娃娃 2.手工藝

426.78　　　109006311

袖珍娃娃迷你包

作　　者　株式会社ブティック社
翻　　譯　黃姿頤
發 行 人　陳偉祥
發　　行　北星圖書事業股份有限公司
地　　址　234 新北市永和區中正路 458 號 B1
電　　話　886-2-29229000
傳　　真　886-2-29229041
網　　址　www.nsbooks.com.tw
E－MAIL　nsbook@nsbooks.com.tw
劃撥帳戶　北星文化事業有限公司
劃撥帳號　50042987
製版印刷　皇甫彩藝印刷股份有限公司
出 版 日　2020 年 8 月
I S B N　978-957-9559-42-3（平裝）
定　　價　350 元

CONTENTS

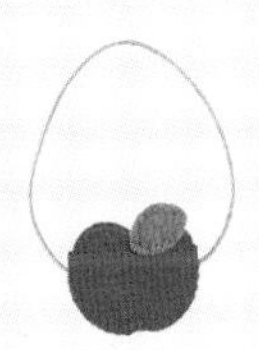

Share on SNS!

大家可將依照本書內容製作的作品，自由上傳至 Instagram、facebook、Twitter 等社群網站。
讀者們試作的作品，可當隨身配飾或送禮小物等……，和大家一同分享手作樂趣，Hashtag 自己喜歡的作品和讀者！

Boutique 社官方粉絲專頁　boutique.official
請搜尋「Boutique 社」、點讚。

Boutique 社 Instagram　btq_official
Hashtag #Boutique 社 #手作 #縫紉 #袖珍版 #娃娃版 #迷你包等

Boutique 社 Twitter　Boutique_sha
不時上傳最新好用的資訊等。歡迎追蹤！

荷葉邊托特包

有可愛荷葉邊的荷葉邊托特包。袋口點綴荷葉邊飾為款式重點。可用各色布料做出多種包款！

製作方法　第 34 頁
包包尺寸　高 3.2 × 長 5 × 寬 1.2cm
作品設計　nikomaki*

1
2
3
4

包包有底寬，可以放進物品。
構思布料搭配，讓設計充滿趣味。

提著可愛包包
出門去！

甜美荷葉托特包，
搭配簡約造型。

海洋包

俏麗海洋包，綴上船錨刺繡或貝殼貼花。素色亞麻加上條紋圖樣，洋溢濃濃海洋風。搭配棉繩提把，造型經典！

製作方法　第 36 頁

包包尺寸　高 4.5 × 長 6 × 寬 1.4cm

作品設計　大和 Chihiro

6
5
7
des mailles et des points
3
LES GUIDES PRATIQUES
MARGUERITE DURAS
MARGUERITE DURAS

圓形托特包

造型時尚的圓形托特包，扁扁包身，配上圓弧輪廓。**no.8** 是皮革提把，**no.9** 是布辮編織提把。

製作方法	第 35 頁
包包尺寸	高 4 × 長 4.5 cm
作品設計	nikomaki*

8
9

提把加上金屬扣環，
就成了鑰匙圈。

扁扁包

扁扁包的設計，讓你享受布料與緞帶提把的組合樂趣。只要縫合方形布料就可完成，製作簡單。試著搭配娃娃服裝，選擇自己喜歡的布料製作吧！

製作方法　第 38 頁
包包尺寸　高 4.5 × 長 4cm
作品設計　酒井三菜子

11
12
10
13
14

15
16
17

馬爾凱包

亞麻材質的馬爾凱包，提把綴有小小胸花，風格甜美。袋口的蕾絲或刺繡邊飾，讓包包充滿浪漫氣息。

製作方法 第 39 頁

包包尺寸 高 3 × 長 5 × 寬 1.4cm

作品設計 本橋 Yoshie

內裡是碎花印花，
散發可愛女孩風。

緞帶托特包

托特包上大大的蝴蝶結緞帶是款式亮點。製作訣竅是配合緞帶色彩，選擇包身布料。

製作方法　第 10 頁
包包尺寸　高 4 × 長 5.8 × 寬 1cm
作品設計　大和 Chihiro

19
18
20
點點緞帶，
俏麗可愛。
紅色調為主的
穿搭造型。

配合包身布料，挑選蕾絲樣式。

珍珠點綴，浪漫滿分。

雲朵包

抓皺打褶設計，讓包包呈現蓬鬆輪廓。彩色印花，搭配皮繩提把，優雅完美。

製作方法 第 11 頁
包包尺寸 高 2.8 × 長 5 × 寬 1.5cm
作品設計 酒井三菜子

SINGER
21
22
23
24

實際尺寸紙型第 61 頁

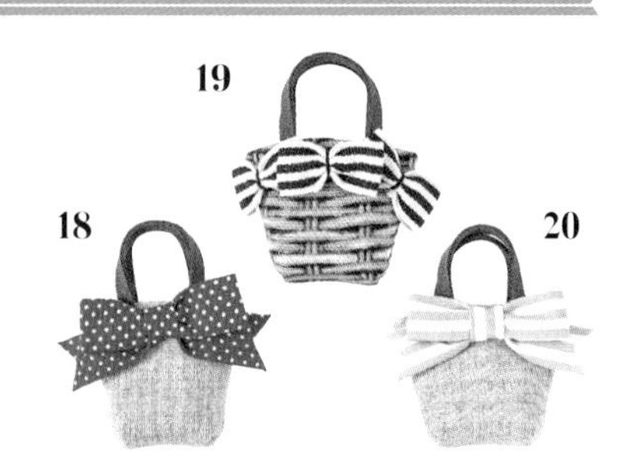
19
18
20

18、20 材料（一件份）

A 布（素色亞麻）：寬 10cm ×長 15cm
B 布（印花棉布）：寬 15cm ×長 20cm
提把（皮繩 0.3cm 寬）：8cm 兩條

19 材料

A 布（藤編印花棉布）：寬 10cm ×長 15cm
B 布（素色亞麻）：寬 10cm ×長 15cm
緞帶 1.5cm 寬：8cm 三條
提把（皮繩 0.3cm 寬）：8cm 兩條

18、20 製作方法

1 縫合袋身側邊

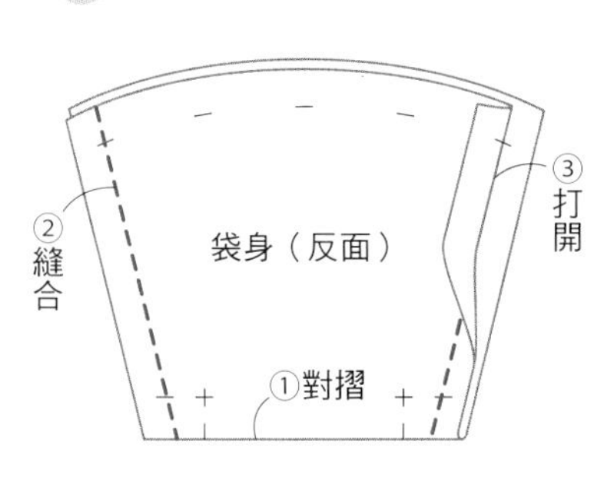
②縫合
袋身（反面）
③打開
①對摺

2 袋口下摺，縫出底寬

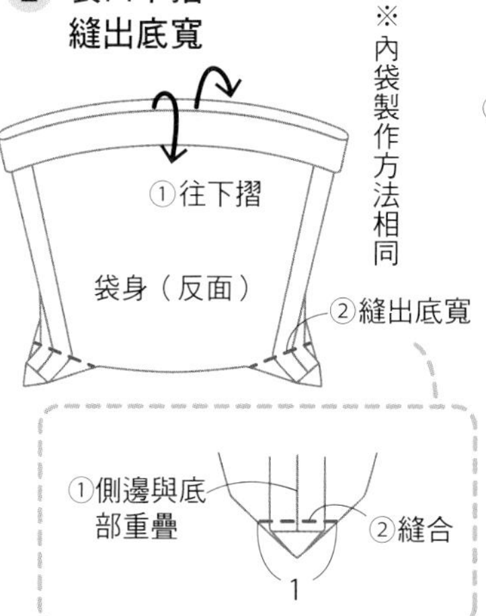
①往下摺
袋身（反面）
②縫出底寬
①側邊與底部重疊
②縫合
1

※內袋製作方法相同

3 袋身放入內袋

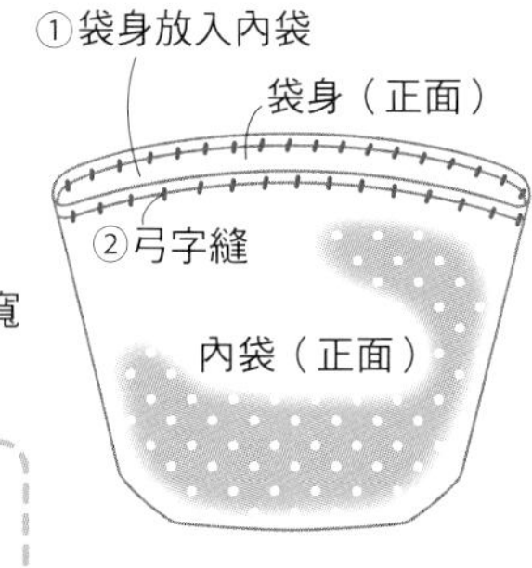
①袋身放入內袋
袋身（正面）
②弓字縫
內袋（正面）

4 縫上提把

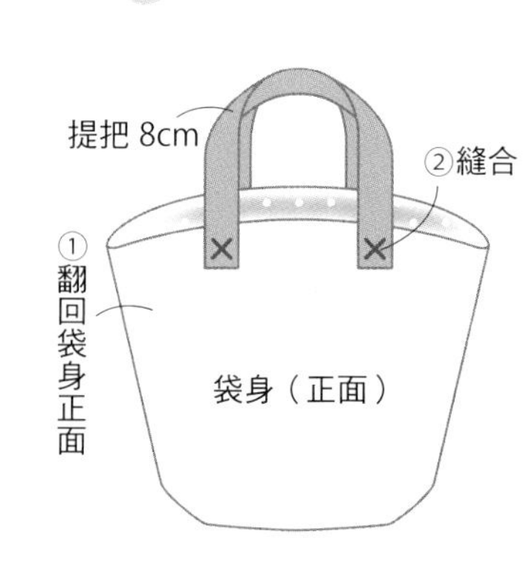
提把 8cm
②縫合
①翻回袋身正面
袋身（正面）

5 製作、加上緞帶

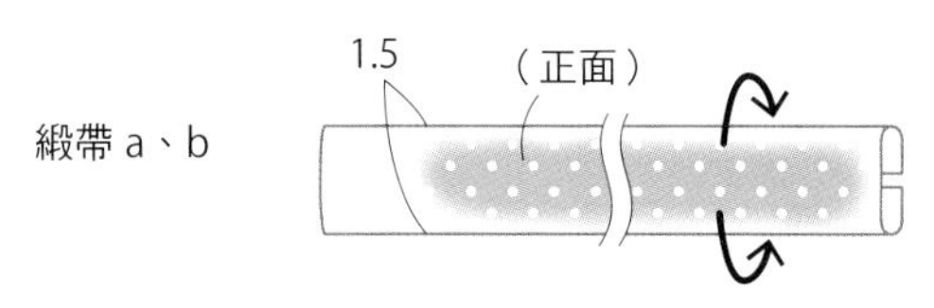
1.5
（正面）
緞帶 a、b

將緞帶 a、b 兩側布邊內摺，塗上接著劑固定

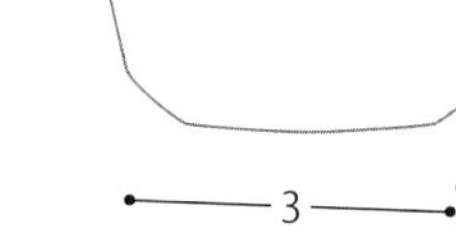
②重疊 1
①內摺
緞帶 a

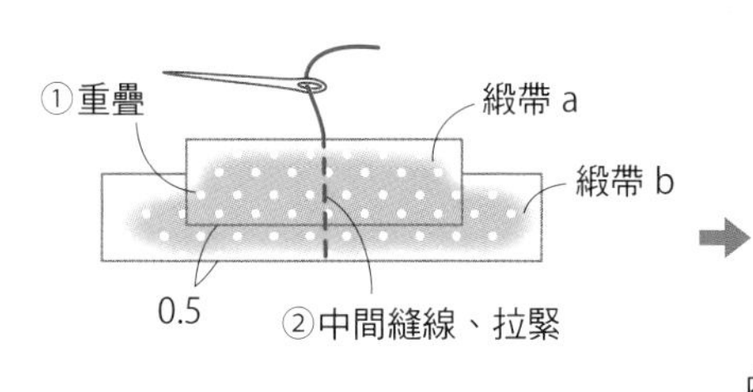
①重疊
緞帶 a
緞帶 b
0.5
②中間縫線、拉緊

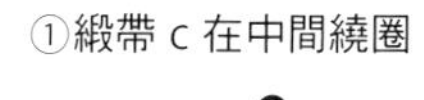
①緞帶 c 在中間繞圈

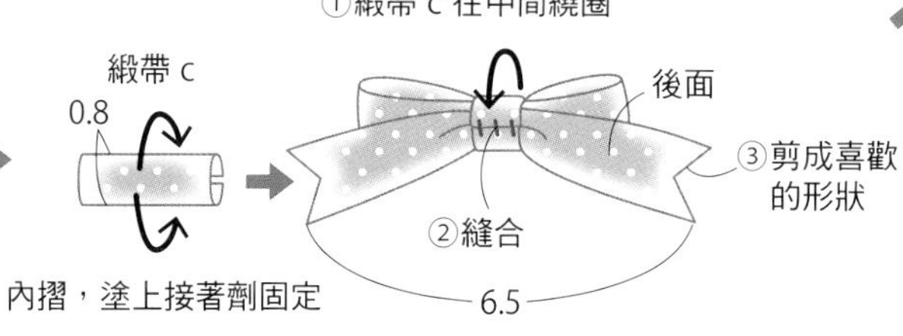
緞帶 c
0.8
後面
③剪成喜歡的形狀
②縫合
6.5

內摺，塗上接著劑固定

完成

18·20

5.8
縫在中間
4
3
1

19 製作方法　包包製作方法與 18、20 相同

製作、加上緞帶

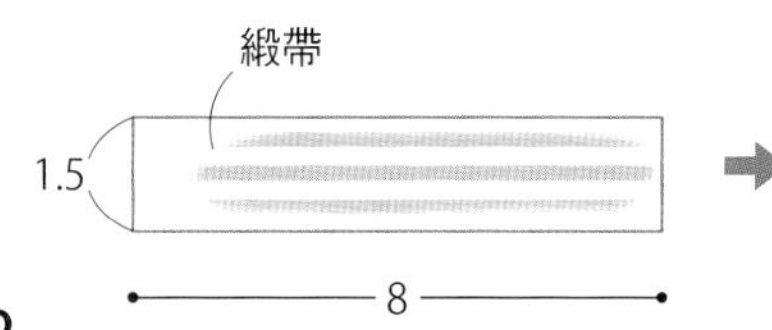
緞帶
1.5
8

②重疊 0.5
①內摺
③中間縫線、拉緊

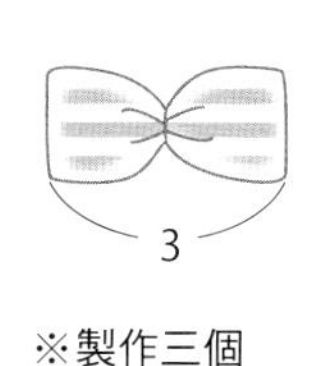
3

※製作三個

完成

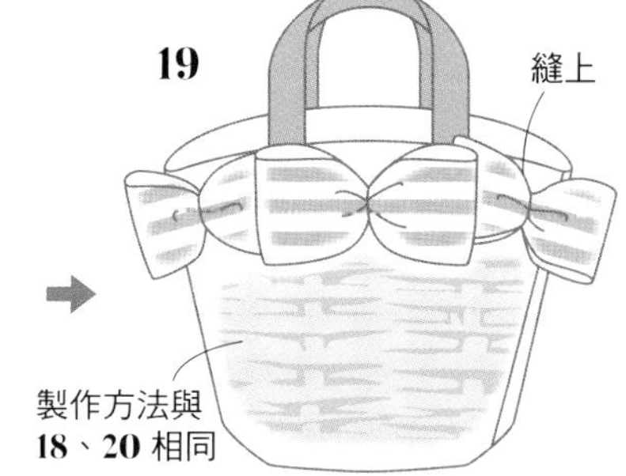
19
縫上

製作方法與 18、20 相同

21
22
23
24

材料（一件份）

A 布（棉布 21／條紋，22～24／印花）：寬 9cm × 長 8cm
B 布（素色棉布）：寬 8cm × 長 8cm
提把（皮繩 0.4cm 寬）：5cm 兩條
21／珍珠（0.4cm）：20 顆
22／蕾絲（0.8cm 寬）：12cm
23／蕾絲（0.8cm 寬）：10cm
24／蕾絲（1cm 寬）：10cm
蕾絲綴飾（1.2cm）：1 片
珍珠（0.4cm）：1 顆

製作方法

1 縫合袋身側邊，縫出底寬

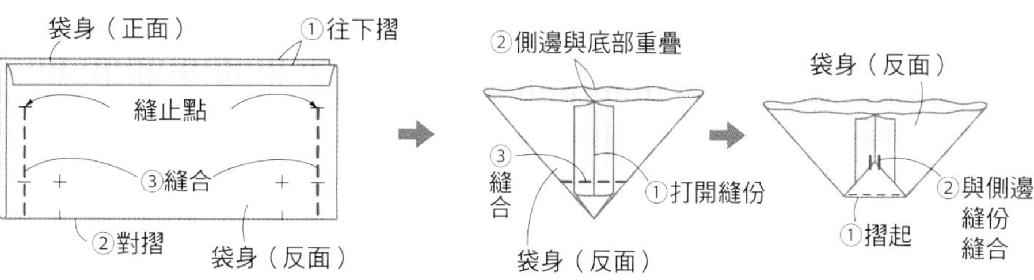
袋身（正面）
①往下摺
縫止點
③縫合
②對摺
袋身（反面）
②側邊與底部重疊
③縫合
①打開縫份
袋身（反面）
袋身（反面）
②與側邊縫份縫合
①摺起

2 抓皺打摺

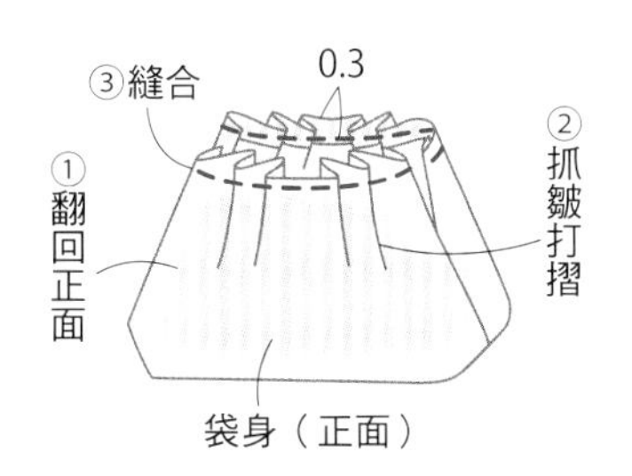
③縫合
0.3
①翻回正面
②抓皺打摺
袋身（正面）
※內袋製作方法相同

3 縫上提把

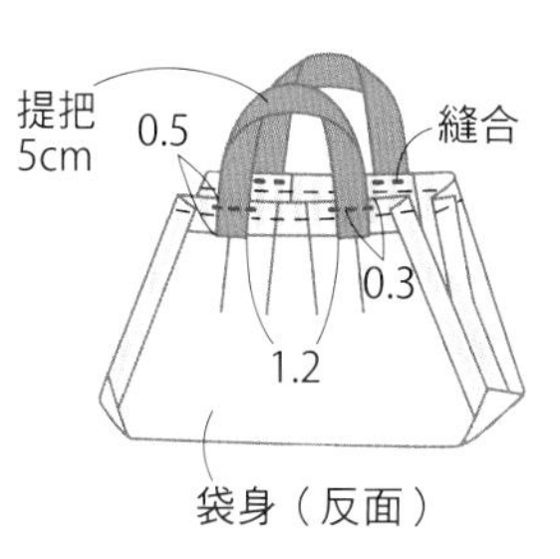
提把 5cm
0.5
縫合
0.3
1.2
袋身（反面）

4 裝飾袋口

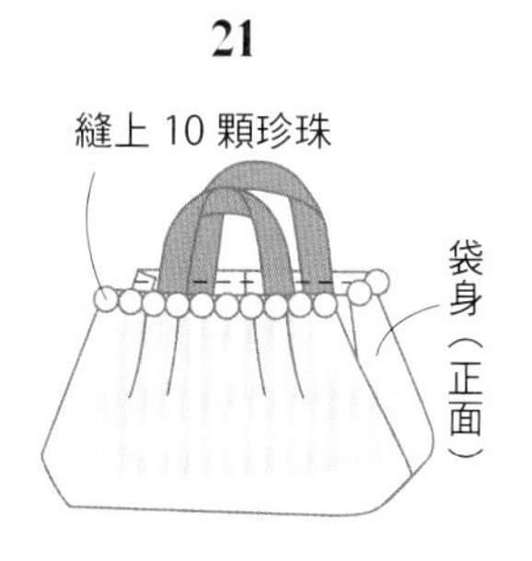
21
縫上 10 顆珍珠
袋身（正面）

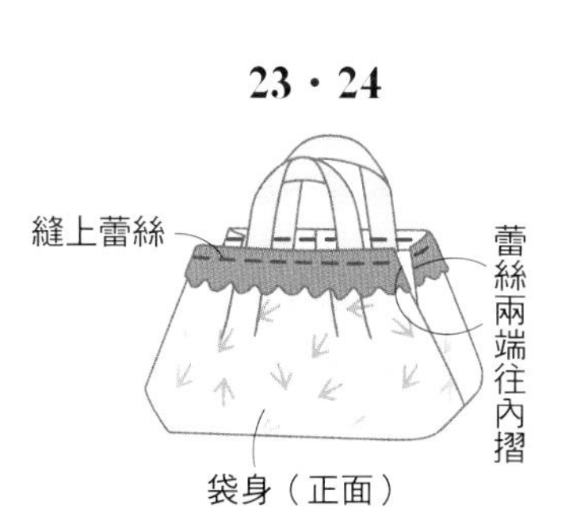
23・24
縫上蕾絲
蕾絲兩端往內摺
袋身（正面）

5 袋身放入內袋，裝飾開口處與袋口

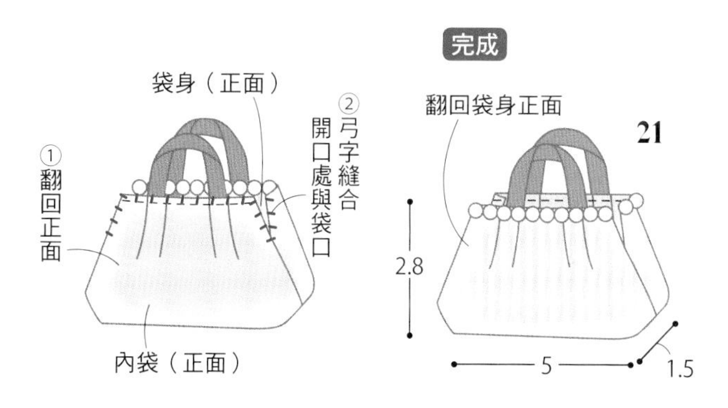
袋身（正面）
①翻回正面
②弓字縫合開口處與袋口
內袋（正面）
完成
翻回袋身正面
21
2.8
5
1.5

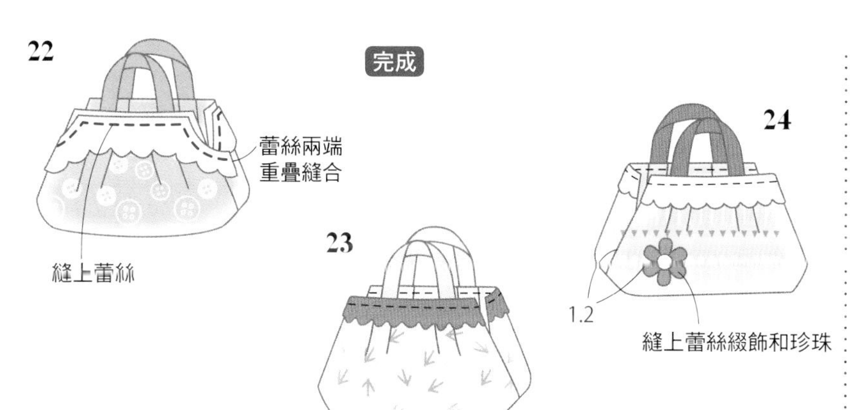
22
蕾絲兩端重疊縫合
縫上蕾絲
完成
23
24
1.2
縫上蕾絲綴飾和珍珠

實際尺寸紙型 ※預留 0.5cm 縫份

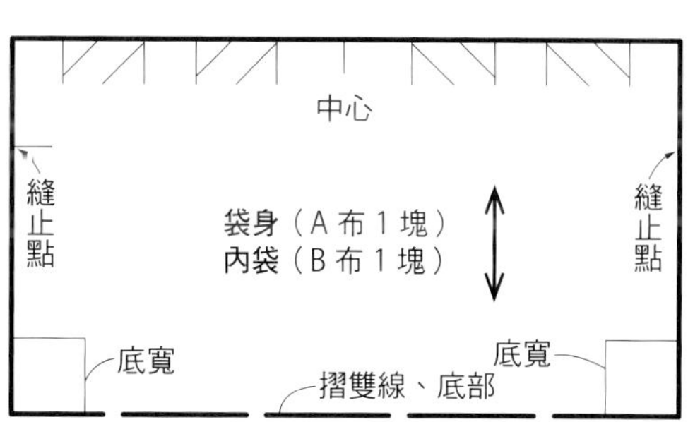
中心
縫止點
袋身（A 布 1 塊）
內袋（B 布 1 塊）
縫止點
底寬
底寬
摺雙線、底部

25
26
27
28

亞麻提把
軟布包

將布料化為圓弧輪廓，外型可愛的軟布包。D型環上捲繞麻繩，變成亞麻提把。**no.28** 有貝殼扣和刺繡做成的小花裝飾。

製作方法　第 42 頁

包包尺寸　高 3.2 × 長 3.5 × 寬 1cm

作品設計　西村明子

30
29

荷葉褶邊包

荷葉邊裝飾的托特包，小碎花圖樣搭配素色布料，甜美可愛。**no.29** 是雙層碎花荷葉邊，**no.30** 綴有薄紗蕾絲。

製作方法	第 40 頁
包包尺寸	高 4 × 長 5.6 × 寬 1cm
作品設計	大和 Chihiro

皮革提把托特包

包身圓滾滾的托特包，不同布料拼接袋底和包身，讓包包呈現多變風貌。手縫皮繩提把也是設計亮點。

製作方法	第 43 頁
包包尺寸	高 4 × 長 4.5 × 寬 2.2cm
作品設計	金丸 Kahori

還可加上喜歡的吊飾！

內裡搭配格紋或條紋圖樣。

36
37
38

加上金屬配件，
當成包包吊飾也不錯！
雖然是扁身設計，
還是可以收進物品。

上課扁扁包

橫向長形的上課包，扁身輪廓，小巧可愛。皮革提把和口袋是包款重點。提把還有添加布標和綴飾。

製作方法 第 46 頁
包包尺寸 高 3.5 × 長 5cm
作品設計 本橋 Yoshie

鳳梨裝飾包

夏威夷風絎縫托特包，正面點綴鳳梨圖樣，俏皮有趣。以手作特有的縫線設計，為袋身增添變化。

製作方法	第 44 頁
包包尺寸	高 4 × 長 6 × 寬 2cm
作品設計	osanpo ippo

包身圓弧輕巧，可愛滿點！

39
40
41
DRINK
Coca-Cola

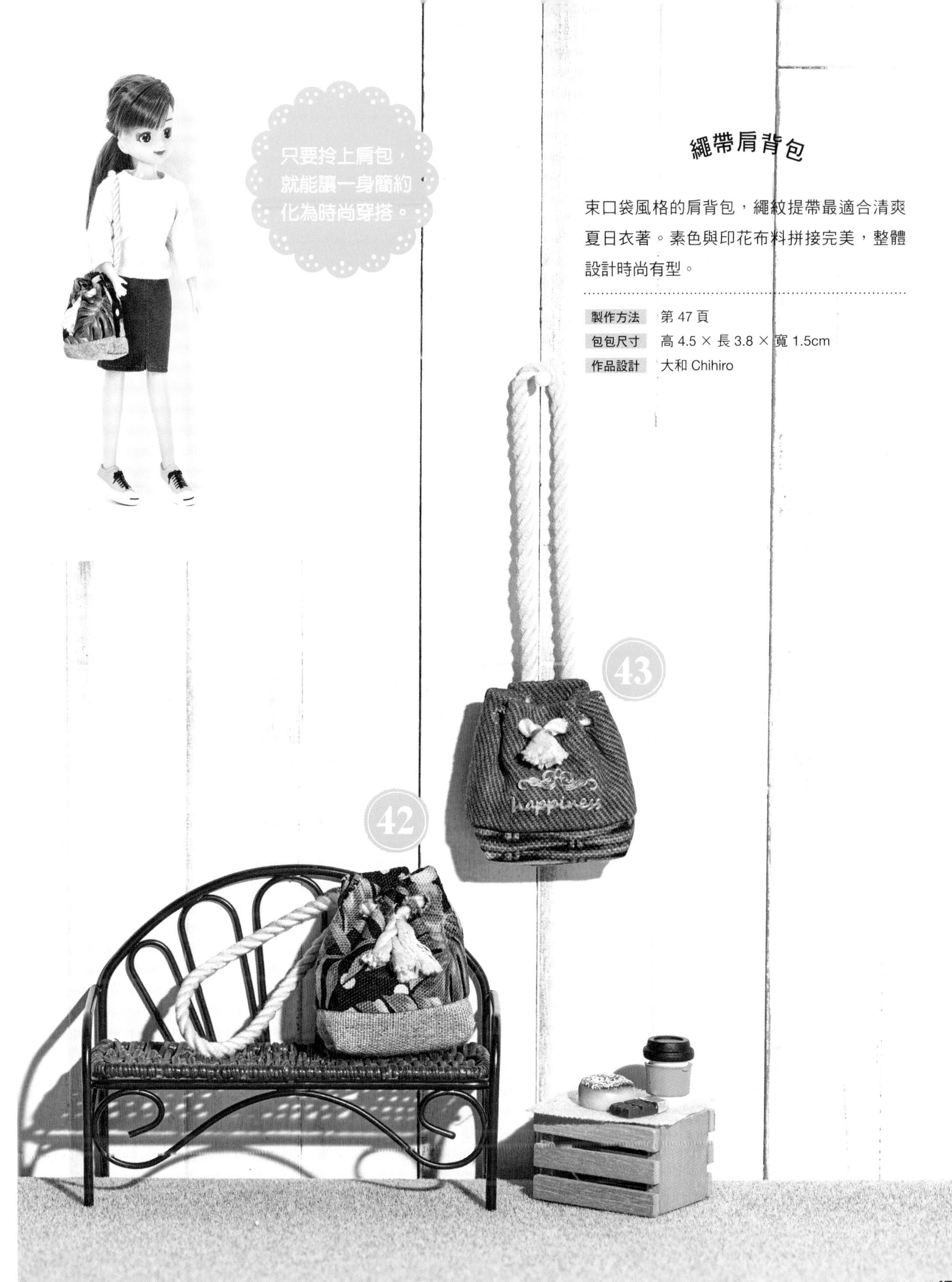
只要拎上肩包，
就能讓一身簡約
化為時尚穿搭。
43
happiness
42

繩帶肩背包

束口袋風格的肩背包，繩紋提帶最適合清爽夏日衣著。素色與印花布料拼接完美，整體設計時尚有型。

製作方法	第 47 頁
包包尺寸	高 4.5 × 長 3.8 × 寬 1.5cm
作品設計	大和 Chihiro

45
46
44

拉鍊開闔
斜背包

最適合休閒穿搭的斜背包款，拉鍊開闔加上袋口設計，迷你包款卻擁有真人包款的方便機能。

製作方法	第 48 頁
包包尺寸	高 3 × 長 4 × 寬 1cm
作品設計	Kimura Mami

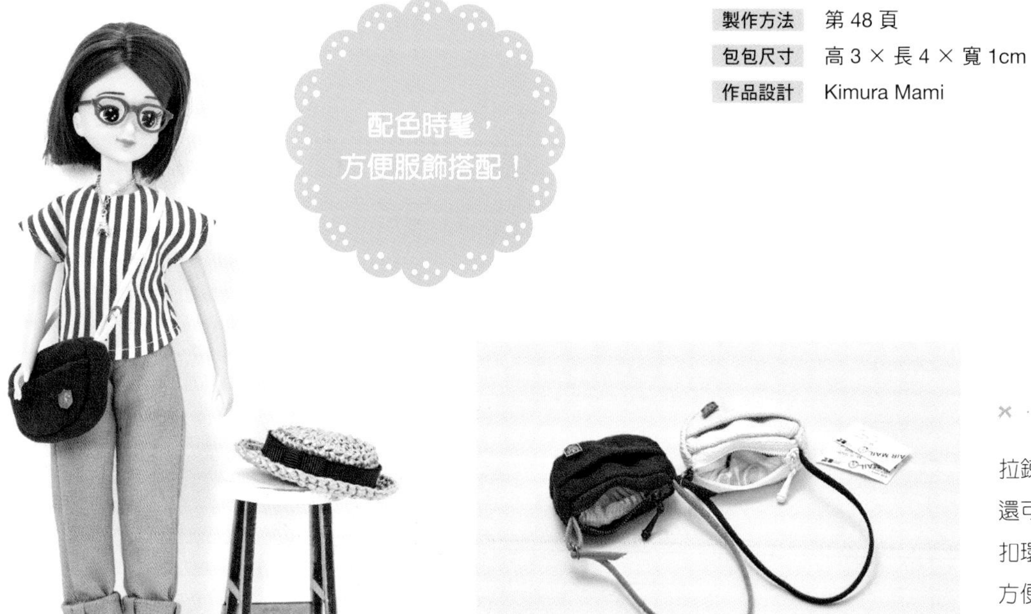

配色時髦，
方便服飾搭配！

拉鍊設計，方便開闔，
還可收納物品。
扣環設計，
方便調整提帶長度。

尺寸輕巧，
與娃娃完美契合。

2WAY 背包

還能手提的兩用背包，素色拼接印花布料，搭配完美。背包內裡塞有棉花，還貼有布標，設計暗藏細節。

製作方法 第 50 頁
包包尺寸 高 4.5 × 長 4.5 × 寬 1cm
作品設計 西村明子

48
47
49
Suomi Finland
0,65€

長提帶小包

長提帶的小包，輪廓有型。提帶穿過包身打結固定，有小花或草莓的圖樣包款，不管哪一款都很可愛。

製作方法　第 22 頁
包包尺寸　高 3.5 × 長 3cm
作品設計　nikomaki*

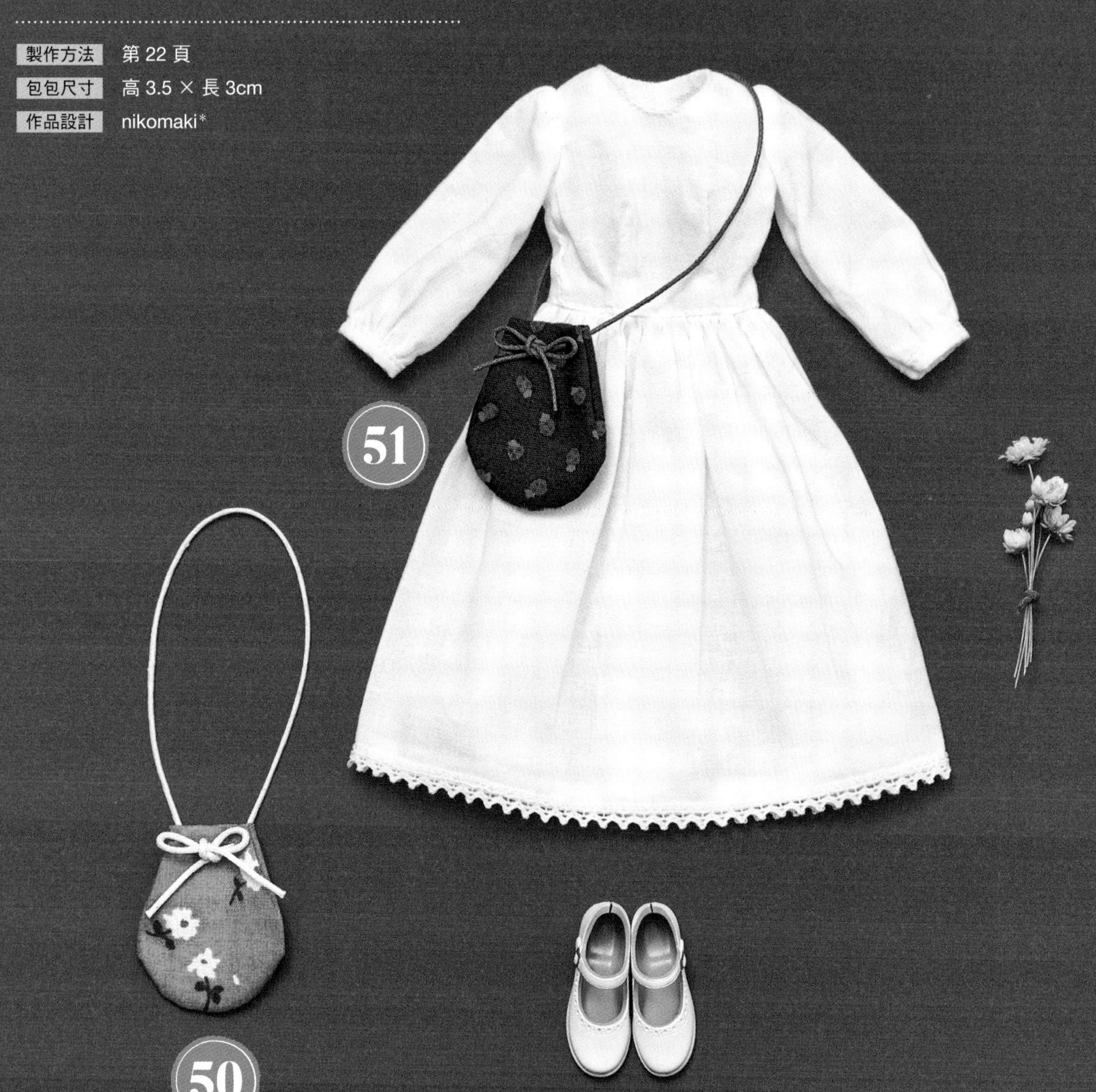

51
50

蘋果小包

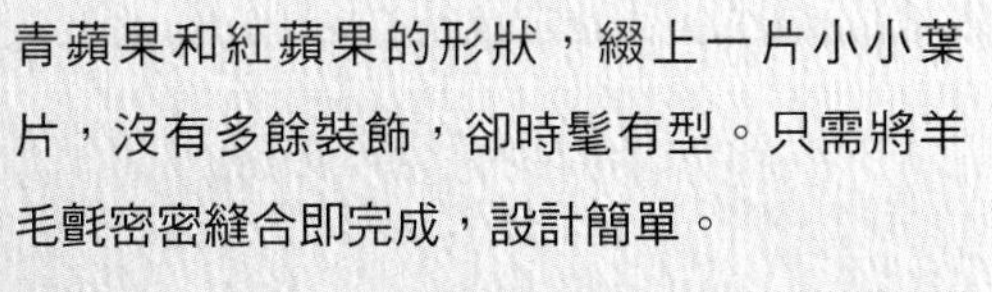

青蘋果和紅蘋果的形狀，綴上一片小小葉片，沒有多餘裝飾，卻時髦有型。只需將羊毛氈密密縫合即完成，設計簡單。

製作方法	第 23 頁
包包尺寸	高 2.5 × 長 3.2 × 寬 1cm
作品設計	osanpo ippo

52
53

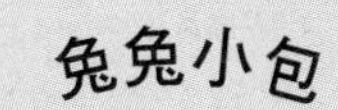

兔兔小包

鏈條背帶的兔兔小包，可成為穿搭重點。表情溫暖，療癒人心。

製作方法	第 52 頁
包包尺寸	高 4.3 × 長 2.3cm
作品設計	osanpo ippo

55
54

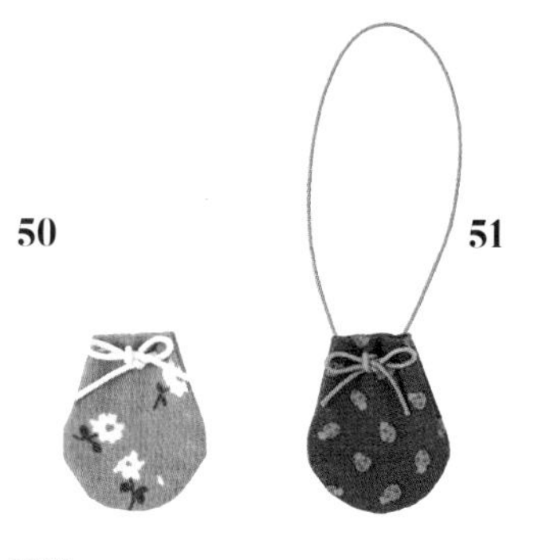
50
51

材料（一件份）

A 布（印花棉布）：寬 7cm ×長 6cm
圓繩（粗 0.1cm）：35cm

製作方法

1 縫製袋身

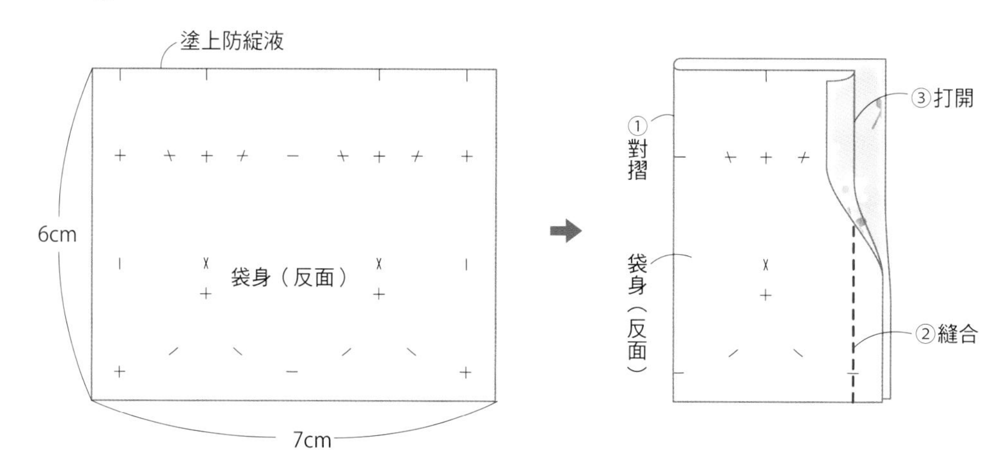
塗上防綻液
6cm
袋身（反面）
7cm
①對摺
袋身（反面）
③打開
②縫合

2 縫製包底

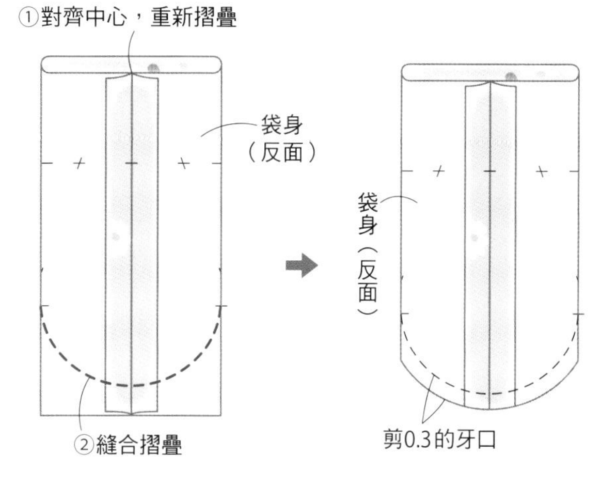
①對齊中心，重新摺疊
袋身（反面）
②縫合摺疊
袋身（反面）
剪0.3的牙口

3 摺出袋口

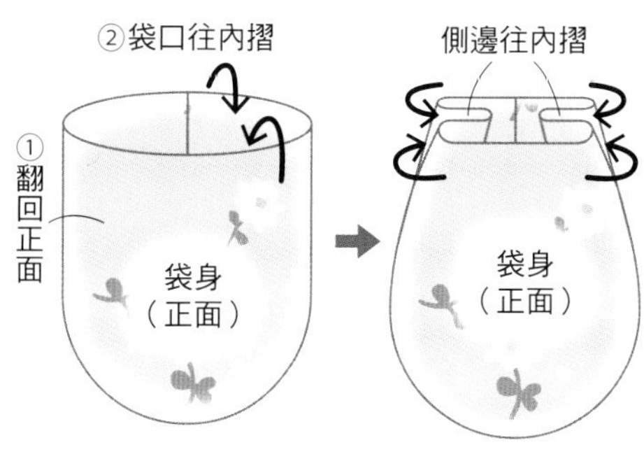
②袋口往內摺
①翻回正面
袋身（正面）
側邊往內摺
袋身（正面）

4 鑽出穿繩孔

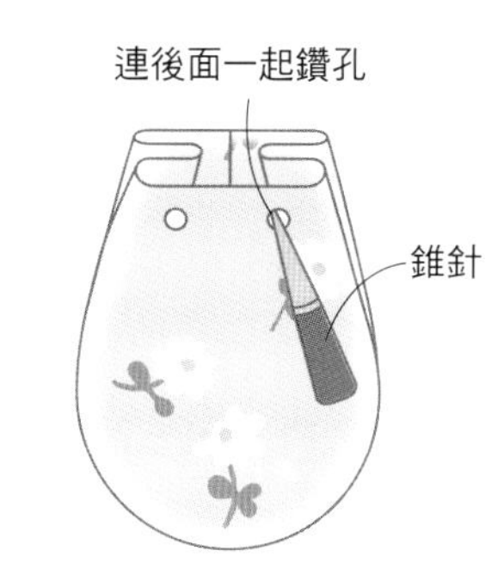
連後面一起鑽孔
錐針

實際尺寸紙型 ※預留□數值的縫份

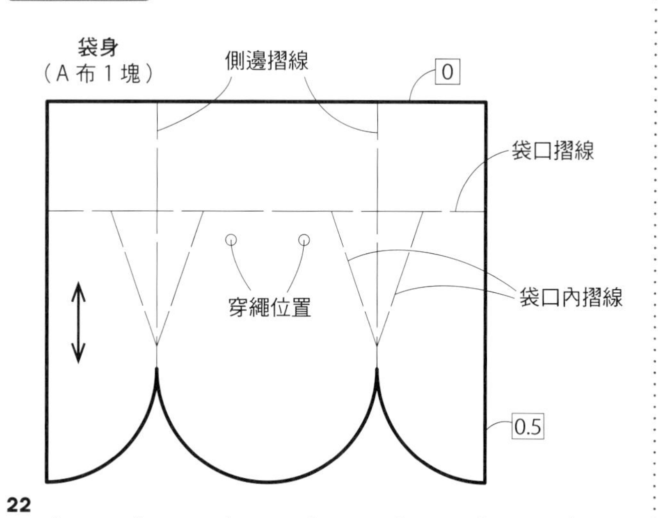
袋身
（A 布 1 塊）
側邊摺線
0
袋口摺線
穿繩位置
袋口內摺線
0.5

完成

5 穿過穿繩

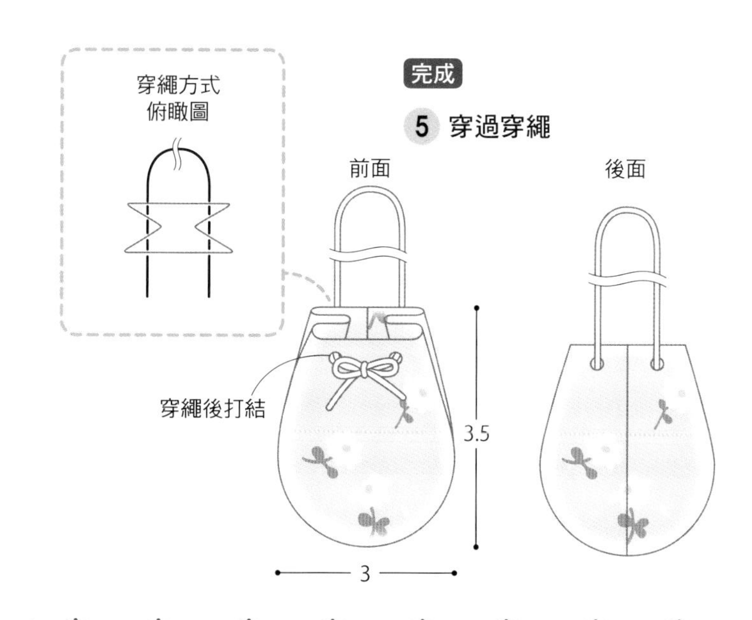
穿繩方式
俯瞰圖
前面
後面
穿繩後打結
3.5
3

第 21 頁 52・53

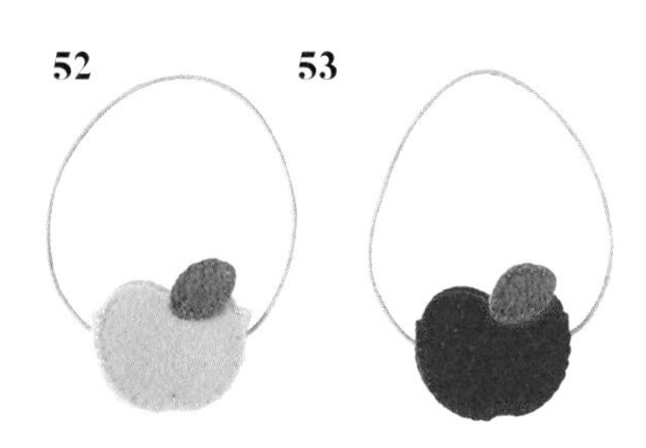
52
53

材料（一件份）

羊毛氈 A（52／黃綠色，53／紅色）：寬 10cm ×長 5cm
羊毛氈 B（綠色）：寬 2cm ×長 2cm
皮繩（粗 0.1cm）：19cm
25 號刺繡線（52／黃綠色、綠色，53／紅色、綠色）

製作方法

1 葉片周圍繡線

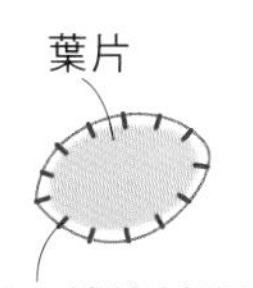
葉片
綠色雙線刺繡線
毛邊繡

※繡線縫法請參照第 64 頁

2 蘋果與底寬縫合

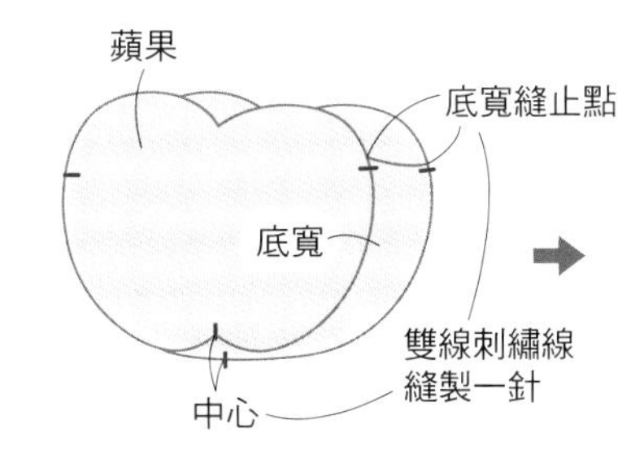
蘋果
底寬縫止點
底寬
雙線刺繡線
縫製一針
中心

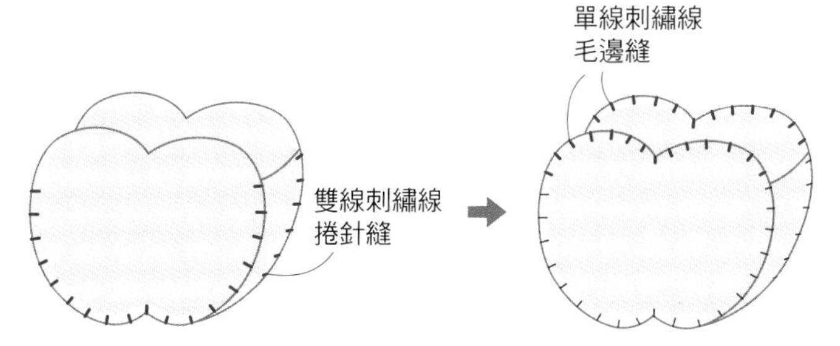
雙線刺繡線
捲針縫
單線刺繡線
毛邊縫

3 縫上葉片

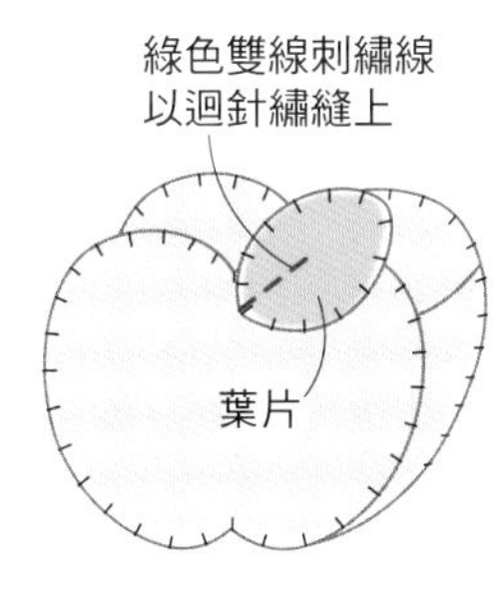
綠色雙線刺繡線
以迴針繡縫上
葉片

4 穿過穿繩

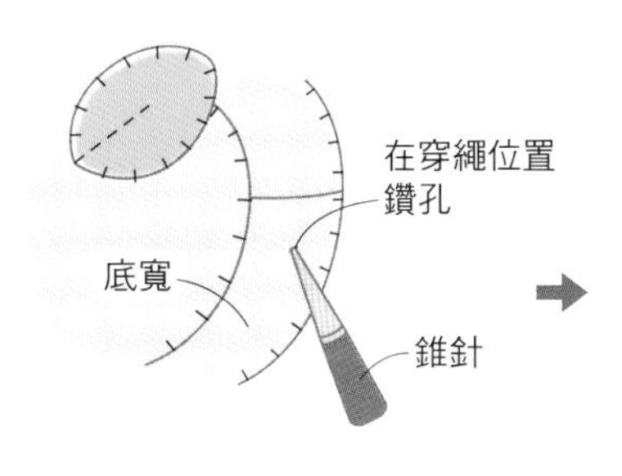
在穿繩位置
鑽孔
底寬
錐針

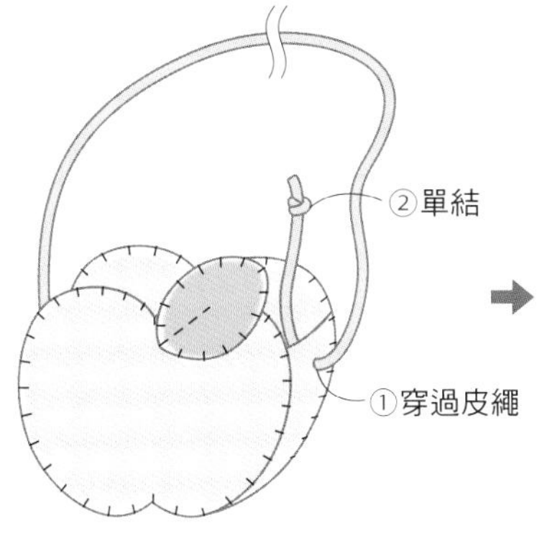
②單結
①穿過皮繩

完成

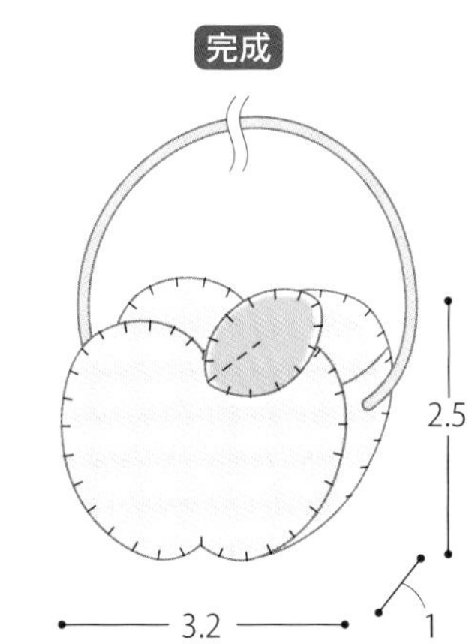
2.5
3.2
1

實際尺寸紙型
※無縫份

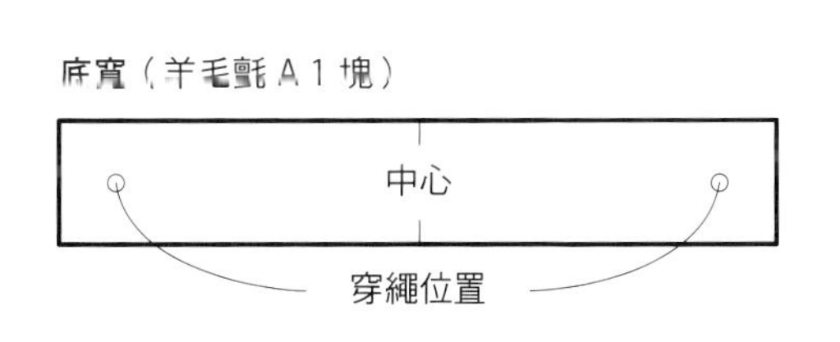
底寬（羊毛氈 A 1 塊）
中心
穿繩位置

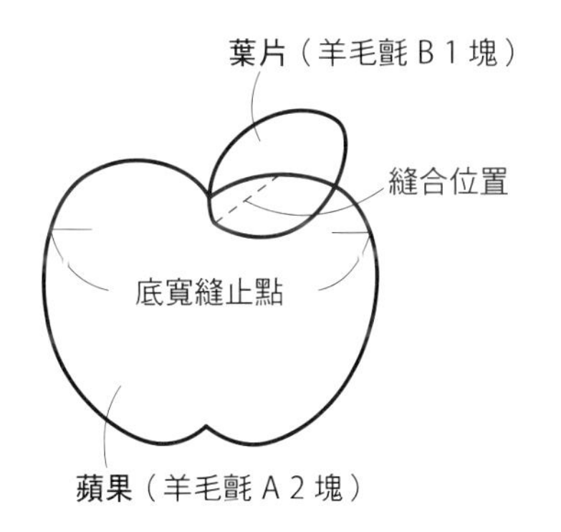
葉片（羊毛氈 B 1 塊）
縫合位置
底寬縫止點
蘋果（羊毛氈 A 2 塊）

圓筒肩背包

洋溢運動風的圓筒肩背包，印花搭配素色布料的組合，兩端與中間口袋為設計亮點。

製作方法　第 54 頁
包包尺寸　側面直徑 3.5 × 長 5.5cm
作品設計　西村明子

側邊口袋也可收納物品。
蝦扣扣環的設計，
方便拆除背帶。

56
57

托特包內放入束口袋的包款，配合 PVC 色調製作吧！

PVC 托特包

使用 PVC 材質的托特包，色彩霓虹，透明清爽。內側可放入束口袋，大家也一起搭配製作吧！

製作方法 第 53 頁
包包尺寸 高 3 × 長 4 × 寬 1cm（包包）
高 3.5 × 長 3.5cm（束口袋）
作品設計 西村明子

59
58
61
60

※PVC 是指聚氯乙烯材質。

方形旅行箱

方形摩登旅行箱，箱上有星星鉚釘、皮繩提把、皮帶等裝飾，設計經典正統。利用牛奶盒製作箱子底身。

製作方法　第 56 頁

包包尺寸　高 4.8 × 長 6.3 × 寬 2.5cm

作品設計　本橋 Yoshie

64
63
65
62

適合休閒
出遊的旅行箱。
休閒裝扮，
適合有相機吊飾的
車輛印花旅行箱。

小小木馬和甜甜圈飾品，
增添時尚氣息。
配合布料選擇喜歡的吊飾！

打開箱子，
箱蓋還有口袋設計，
就像真人用旅行箱！

手拿包

手拿包最適合妝點穿搭，布料選擇、裝飾風格，都能改變整體氛圍。搭配服裝製作看看吧！

製作方法　第 58 頁

包包尺寸　**66**：高 3 × 長 4.3cm

　　　　　67-69：高 2.5 × 長 4.3cm

作品設計　大和 Chihiro

66
67
68
69

加上魔鬼氈，
方便開闔。

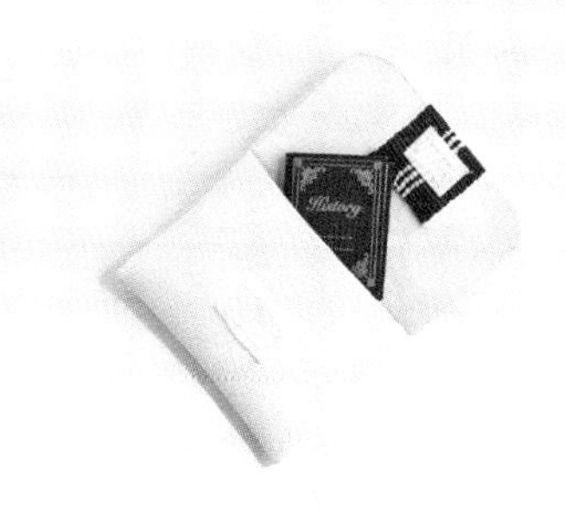

搭配成熟裝扮，
完美無懈。

身穿碎花小洋裝，肩背柔美粉紅包，摩登有型。

束口肩背包

可愛束口包，色調柔美粉嫩，加上鏈條背帶，時髦洗練。袋口以拉繩開闔。

製作方法　第 60 頁
包包尺寸　高 4 × 袋底直徑 2.7cm
作品設計　Kimura Mami

70
71
72

imprimé lorsque Mersenne en a parlé, et il ne l'a
pas été depuis, du moins à ma connaissance (2).
Il courait le monde vers 1622 ou 1623, et son
succès fut assez grand, entre 1622 et 1624, pour
mettre la plume à la main de Mersenne. Mersenne
avait déjà pris les libertins à partie dans ses
Quæstiones celeberrimæ in Genesim. Le mouvement
(1) M. Perrens, qui en parle vaguement, attribue ces qua-
trains à Théophile, et se trompe; ils étaient l'œuvre d'
maître en philosophie. « Quem Virum, egregium et in
lectica versatissimum ferunt, » dit Mersenne parlant de
auteur. (*Quæstiones in Genesim, Præfatio.*)
(2) Ils viennent d'être découverts par un éminent é
M. F. Lachèvre, et publiés dans son *Voltaire mourant*
1908).
73
74
76
75

鏈帶包

薄紗小洋裝，
適合搭配
米白色包包。

宴會穿搭常見的鏈帶包，輪廓鬆軟，且有掀蓋設計，可用緞帶穿過提把鏈帶。

製作方法 第 32 頁

包包尺寸 高 2.5 × 長 3 × 寬 1cm

作品設計 西村明子

流蘇長方包

充滿成熟感的長方包，使用銀色和藍色人造皮革。提把處點綴小小流蘇吊飾。

製作方法　第 33 頁
包包尺寸　高 3 × 長 4.5 × 寬 1.5cm
作品設計　Kimura Mami

包形方正，
建議搭配
成熟休閒穿搭。

78
77

實際尺寸紙型第 62 頁

73、74 材料（一件份）

A 布（皮革，厚 1mm）：寬 10cm ×長 10cm
B 布（素色棉布）：寬 6cm ×長 4cm，兩塊
鏈帶（O 型鏈 0.4cm 寬）：6cm
沙丁緞帶（0.3cm 寬）：8cm
特大圓珠：1 顆

75、76 材料（一件份）

A 布（75／豬麂皮，厚 1mm
76／格紋棉布）：寬 10cm ×長 10cm
B 布（素色棉布）：寬 6cm ×長 4cm，兩塊
76／布襯：寬 10cm ×長 10cm
鏈帶（O 型鏈 0.4cm 寬）：11cm
沙丁緞帶（0.3cm 寬）：13cm
特大圓珠：1 顆

製作方法

1 剪貼布襯

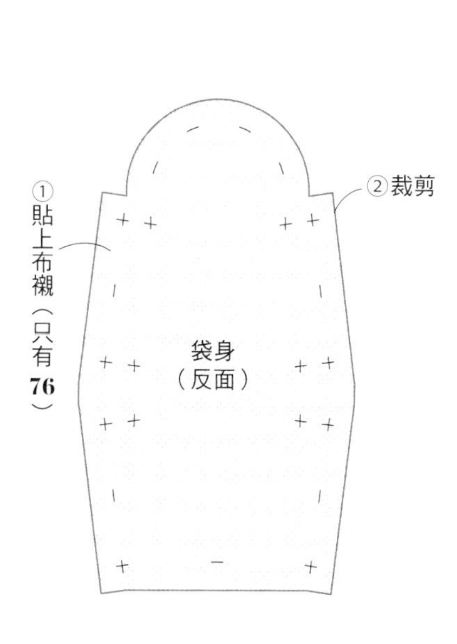

①貼上布襯（只有76）
②裁剪
袋身
（反面）

2 袋身與貼邊布縫合

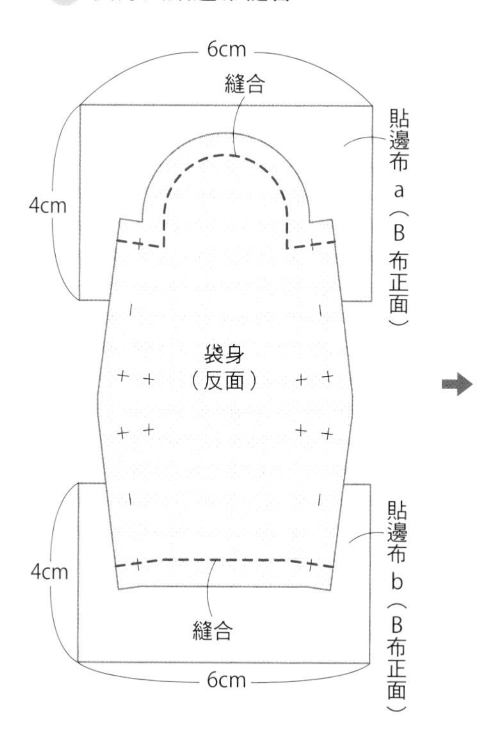

6cm
縫合
4cm
貼邊布a（B布正面）
袋身
（反面）
4cm
縫合
6cm
貼邊布b（B布正面）

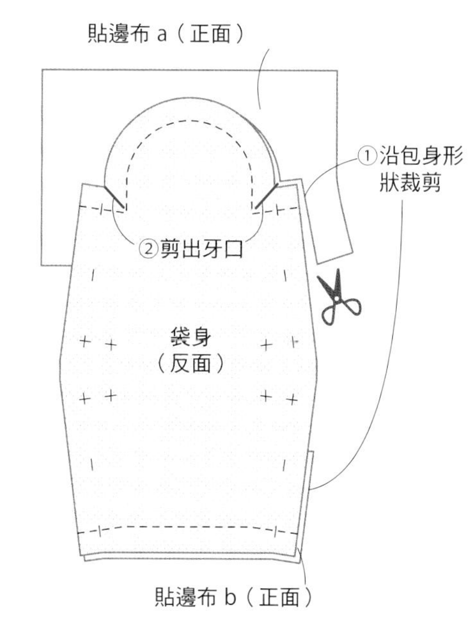

貼邊布 a（正面）
①沿包身形狀裁剪
②剪出牙口
袋身
（反面）
貼邊布 b（正面）

3 反摺貼邊布

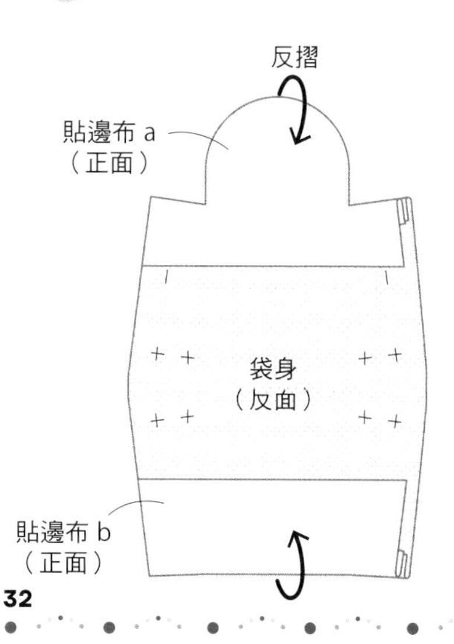

反摺
貼邊布 a
（正面）
袋身
（反面）
貼邊布 b
（正面）

4 縫合側邊，縫出底寬

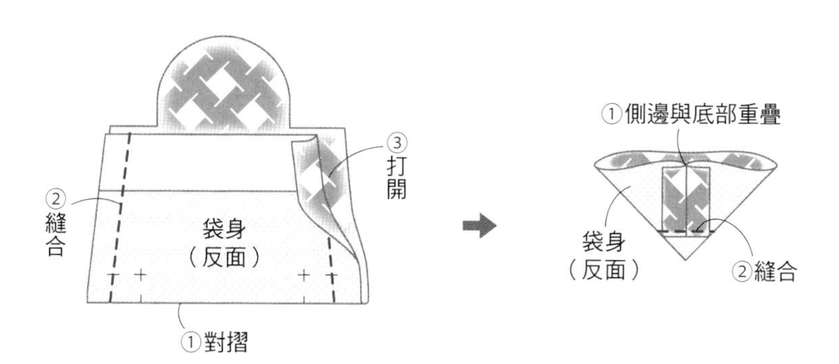

③打開
②縫合
袋身
（反面）
①對摺
①側邊與底部重疊
袋身
（反面）
②縫合

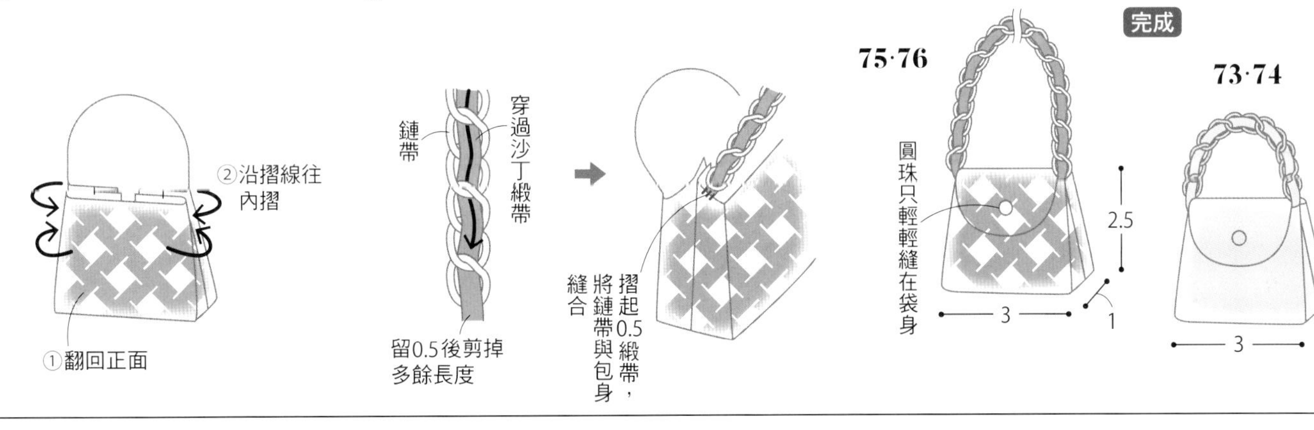
5 袋身翻回正面，側邊往內摺
②沿摺線往內摺
①翻回正面
6 緞帶穿過鏈帶，與袋身縫合
鏈帶
穿過沙丁緞帶
留0.5後剪掉多餘長度
摺起0.5緞帶，將鏈帶與包身縫合
7 縫上圓珠
完成
75·76
73·74
圓珠只輕輕縫在袋身
2.5
3
1
2.5
3
1

第 31 頁 77・78

實際尺寸紙型第 62 頁

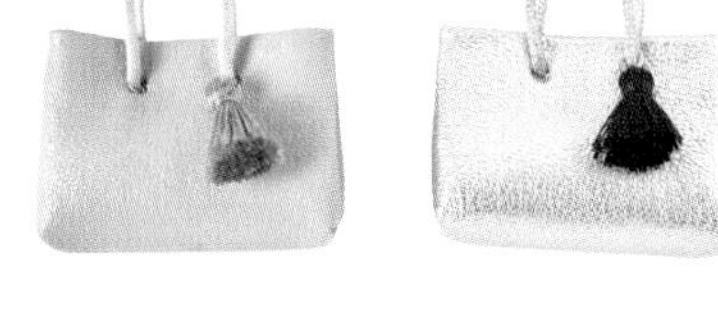
77
78

材料（一件份）

A 布（人造皮革）：寬 10cm ×長 10cm
圓繩（粗 0.2cm）：8cm 兩條
流蘇（附 C 型環，長 1.5cm）：1 個
魔鬼氈：0.8cm × 0.8cm

製作方法

1 側邊縫合，縫出底寬

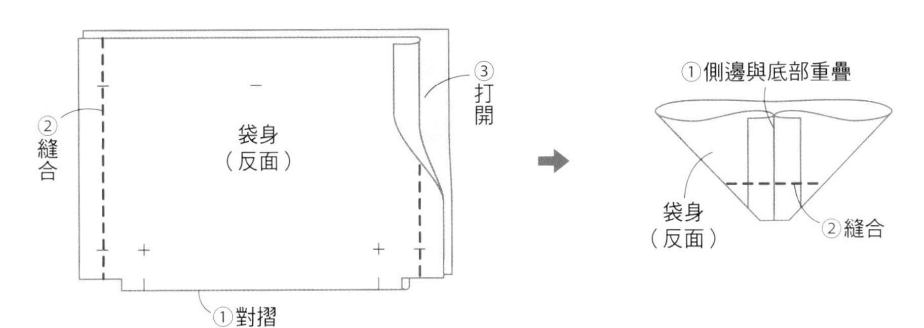
②縫合
袋身
（反面）
③打開
①對摺
①側邊與底部重疊
袋身
（反面）
②縫合

2 袋口下摺

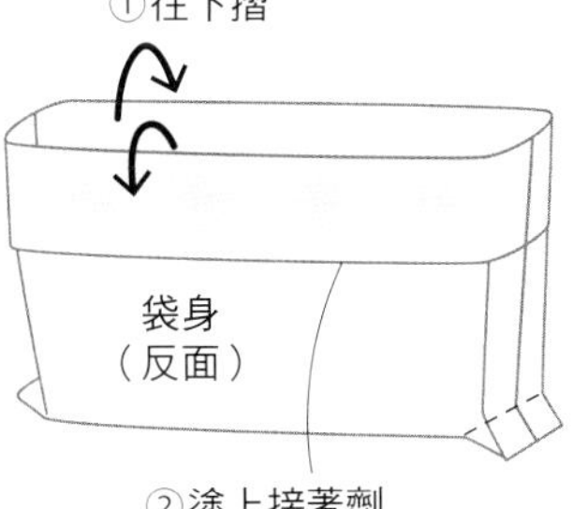
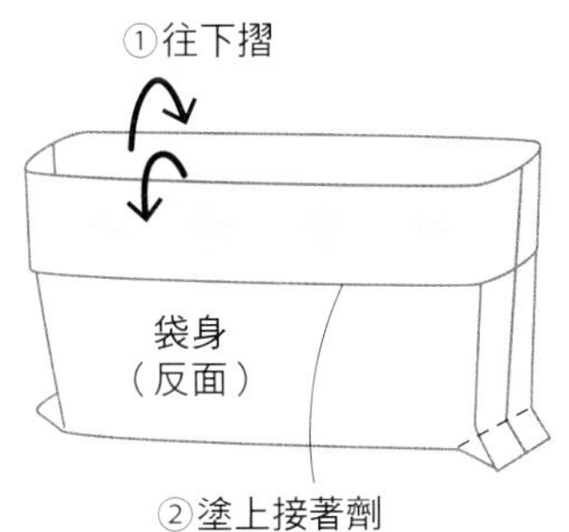
①往下摺
袋身
（反面）
②塗上接著劑

3 側邊縫緊

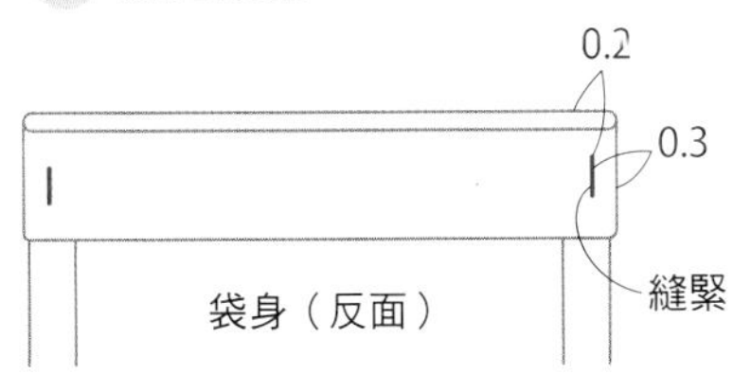
0.2
0.3
縫緊
袋身（反面）

4 鑽出穿繩孔，穿繩

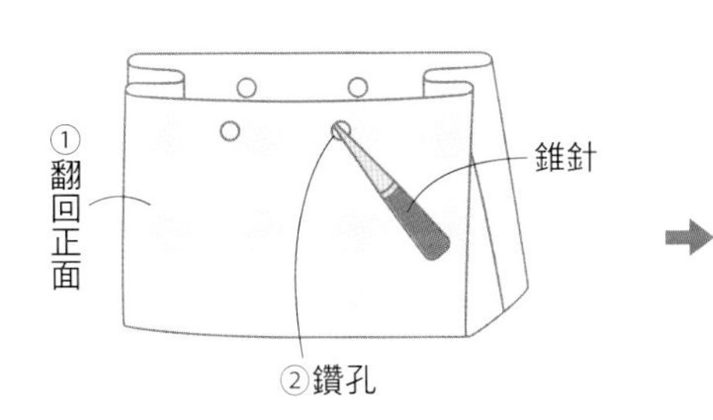
①翻回正面
錐針
②鑽孔

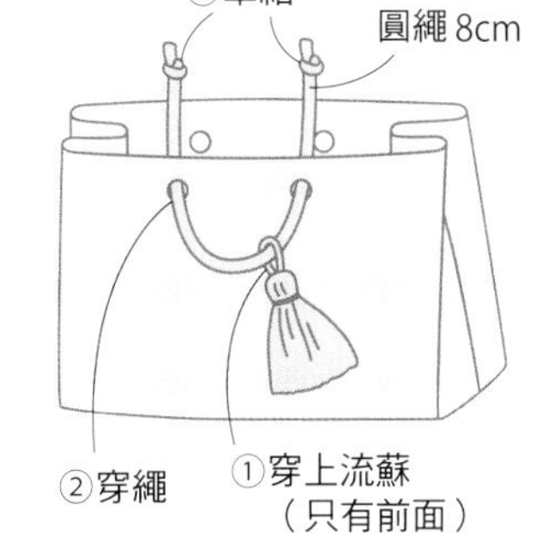
③單結
圓繩 8cm
②穿繩
①穿上流蘇
（只有前面）

5 黏上魔鬼氈

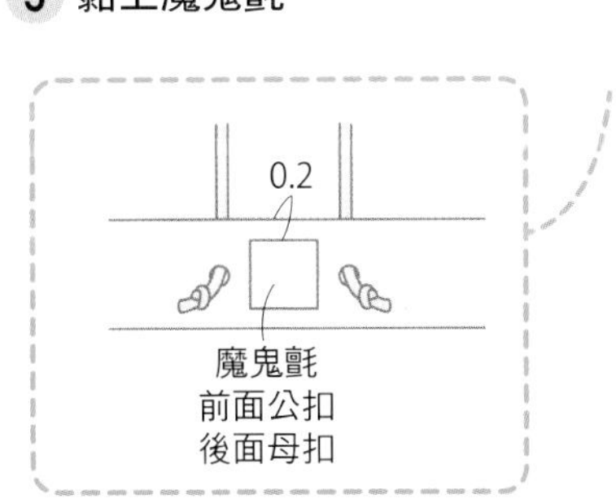
0.2
魔鬼氈
前面公扣
後面母扣

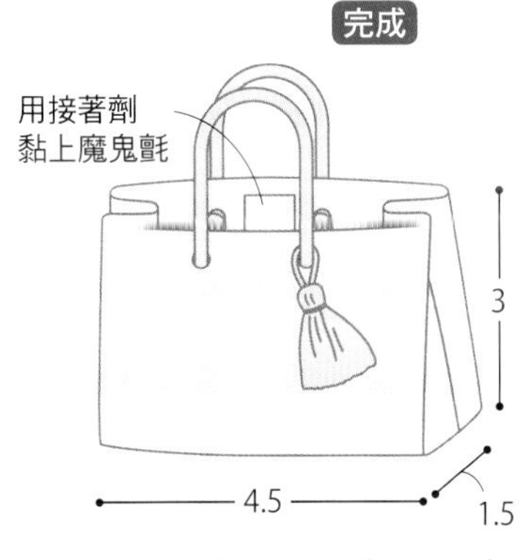
完成
用接著劑
黏上魔鬼氈
3
4.5
1.5

第 2 頁 1～4

1 2 3 4

實際尺寸紙型第 37 頁

材料（一件份）

A 布（印花或素色棉布）：寬 15cm ×長 10cm
B 布（印花棉布）：寬 1.2cm ×長 31cm，斜紋剪裁
提把（0.3cm 寬）：6cm 兩條
（1、3、4／皮繩，2／棉繩）

製圖 荷葉邊（B 布 1 塊）

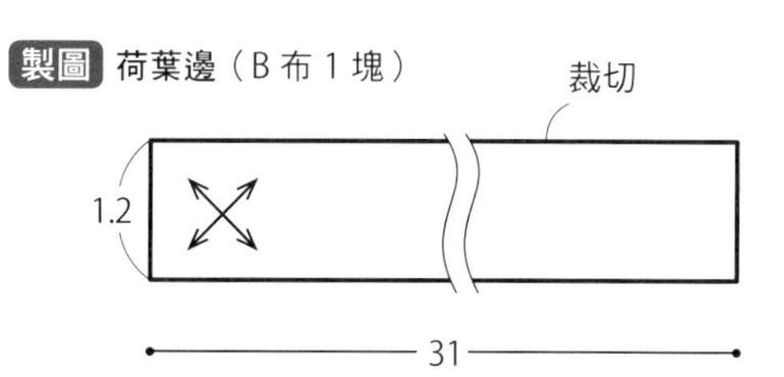

裁切
1.2
31

製作方法

1 縫合袋身後中心

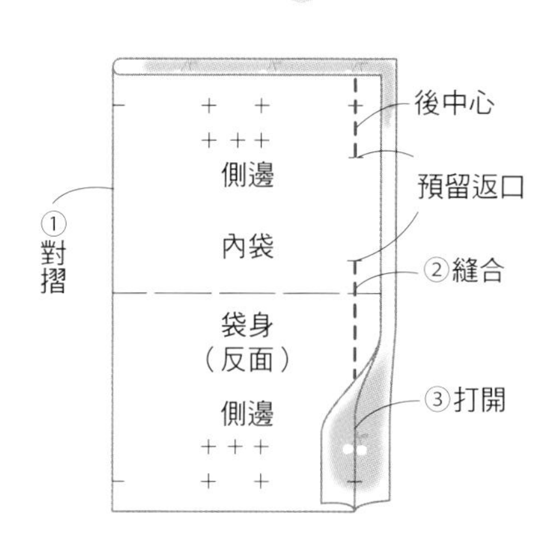

後中心
預留返口
①對摺
側邊
內袋
②縫合
袋身（反面）
側邊
③打開

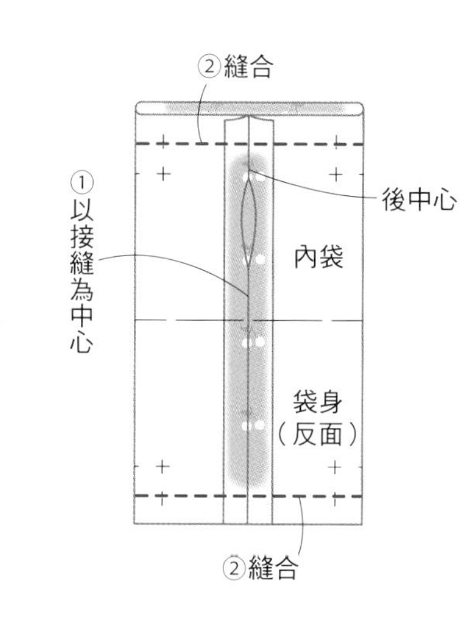

②縫合
①以接縫為中心
後中心
內袋
袋身（反面）
②縫合

2 縫出底寬

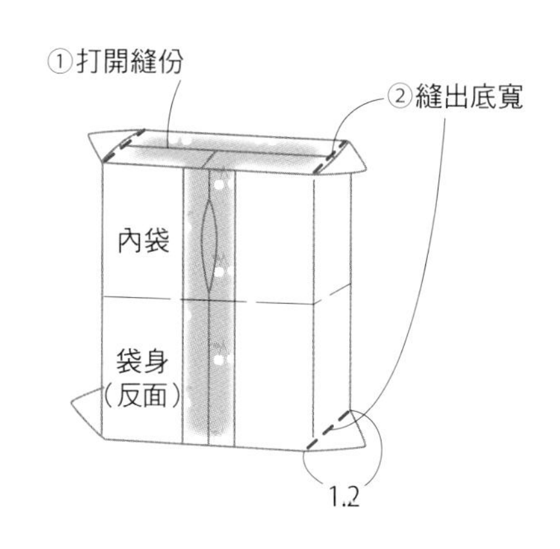

①打開縫份
②縫出底寬
內袋
袋身（反面）
1.2

3 從返口翻回正面，內袋放入袋身

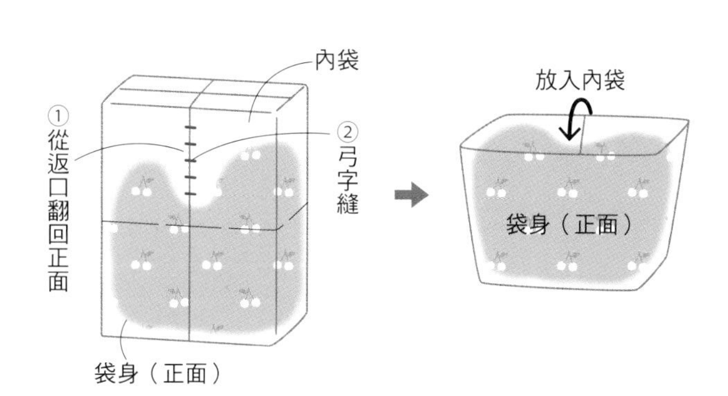

內袋
①從返口翻回正面
②弓字縫
袋身（正面）
放入內袋
袋身（正面）

4 縫上提把

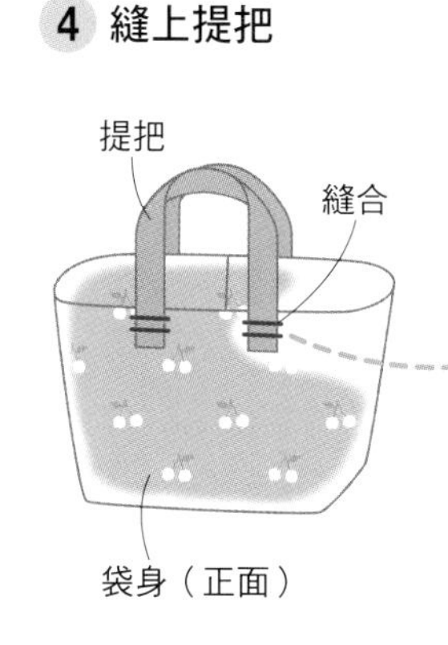

提把
縫合
袋身（正面）

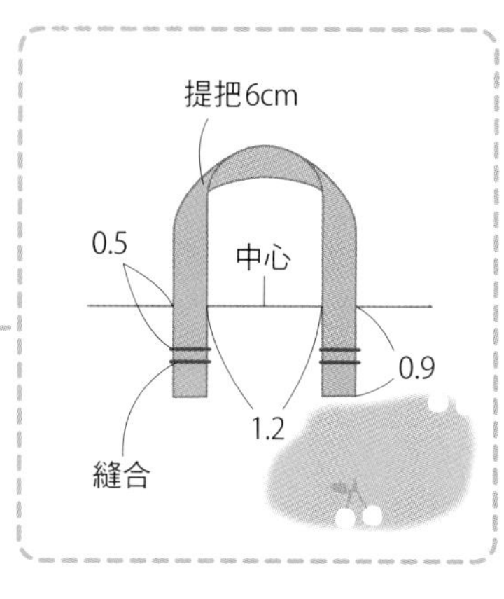

提把6cm
0.5
中心
0.9
1.2
縫合

5 製作、加上荷葉邊

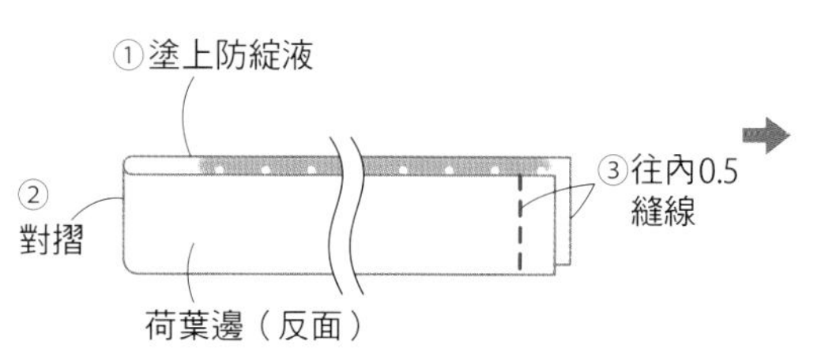

①塗上防綻液
②對摺
③往內0.5縫線
荷葉邊（反面）

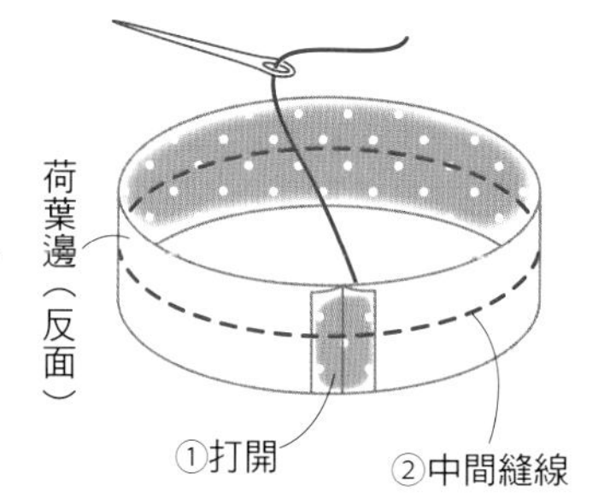

荷葉邊（反面）
①打開
②中間縫線

完成

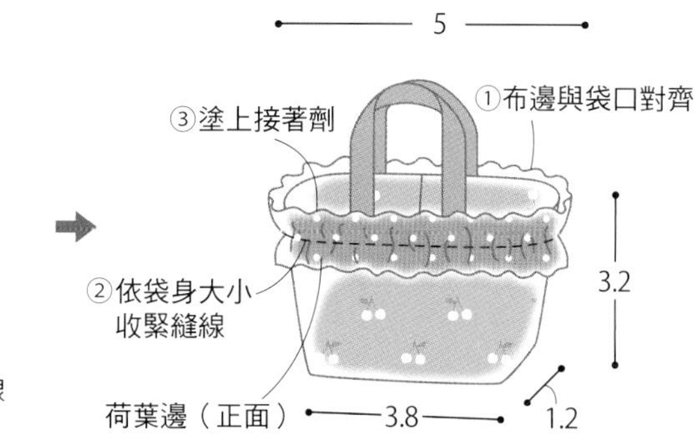

5
③塗上接著劑
①布邊與袋口對齊
②依袋身大小收緊縫線
3.2
荷葉邊（正面）
3.8
1.2

第 5 頁 **8・9**

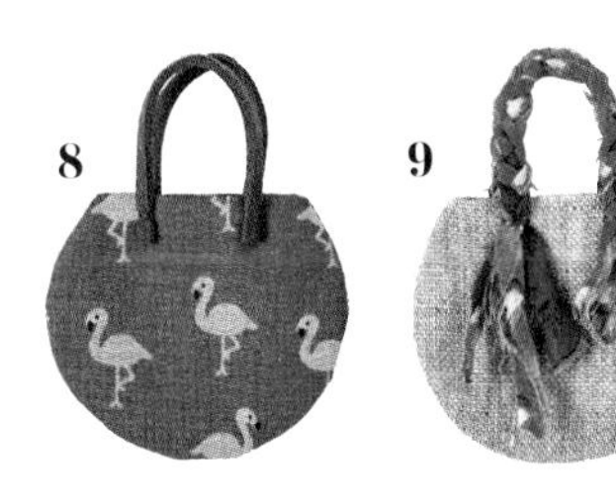
8
9

材料（一件份）

A 布（8／印花棉布，9／素色亞麻）：
寬 15cm ×長 10cm
8／提把（皮繩 0.3cm 寬）：6cm 兩條
9／B 布（印花棉布）：寬 0.8cm ×長 15cm
六條（布條）

8 製作方法

1 縫合袋身

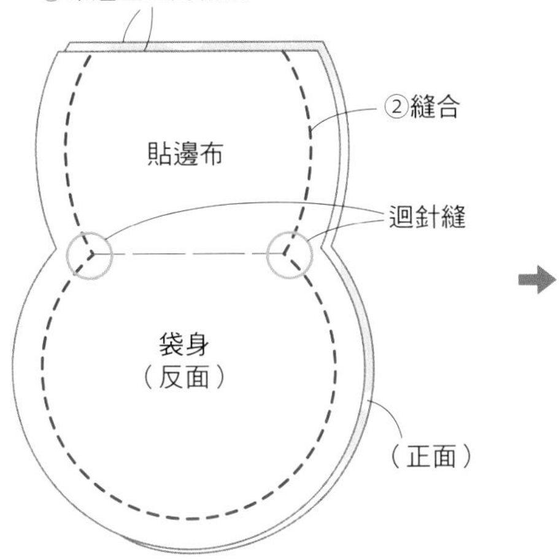
①布邊塗上防綻液
②縫合
貼邊布
迴針縫
袋身
（反面）
（正面）

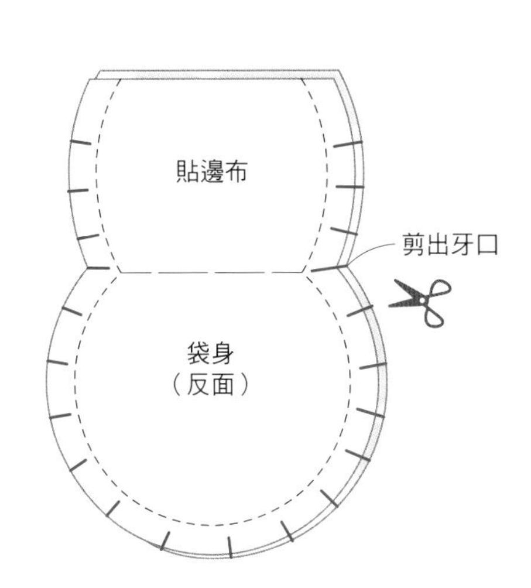
貼邊布
剪出牙口
袋身
（反面）

2 翻回正面，貼邊布內摺

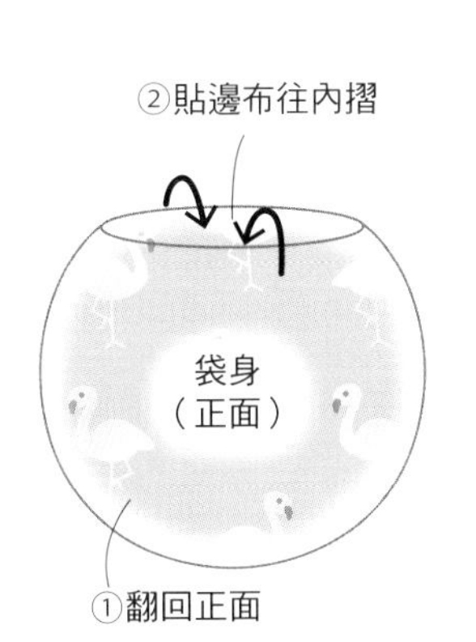
②貼邊布往內摺
袋身
（正面）
①翻回正面

3 縫上提把

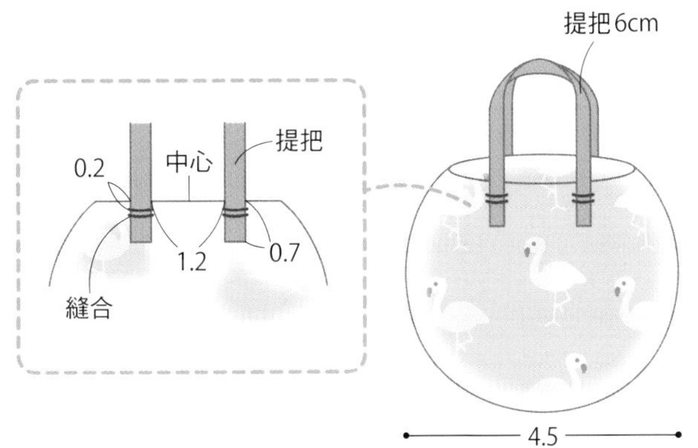
提把 6cm
完成
0.2
中心
提把
1.2
0.7
縫合
4
4.5

實際尺寸紙型

※預留□數值的縫份

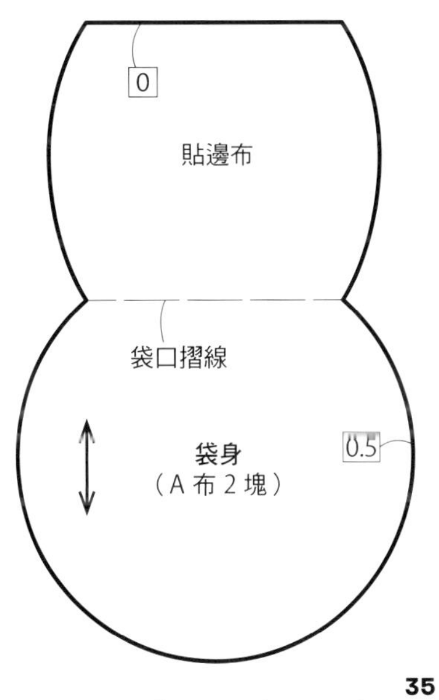
0
貼邊布
袋口摺線
袋身
（A 布 2 塊）
0.5

9 製作方法 包包製作方法與 8 相同

製作、加上提把

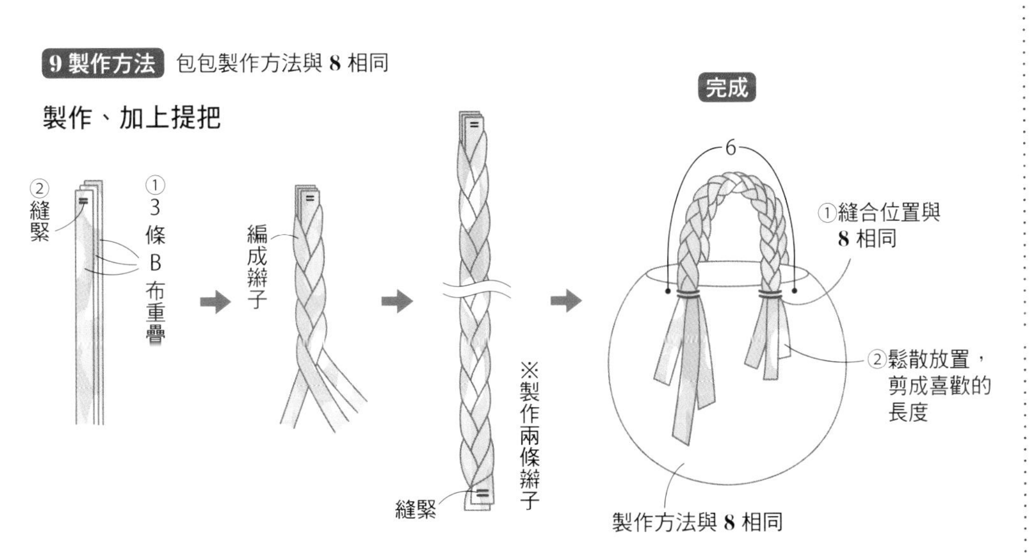
②縫緊
①3條B布重疊
編成辮子
縫緊
※製作兩條辮子
完成
6
①縫合位置與 8 相同
②鬆散放置，剪成喜歡的長度
製作方法與 8 相同

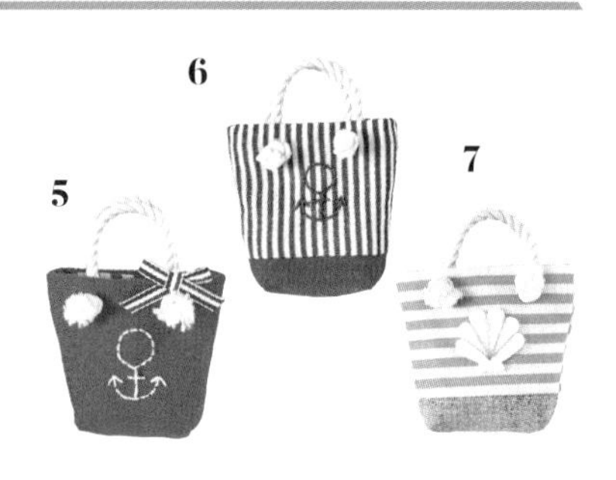
6
7
5

5 材料

A 布（素色棉布）：寬 8cm ×長 15cm
B 布（格紋棉布）：寬 8cm ×長 15cm
提把（棉繩粗 0.3cm 寬）：12cm 兩條
緞帶（0.5cm 寬）：10cm
25 號刺繡線（白色）

6、7 材料（一件份）

A 布（棉布，6／條紋，7／橫紋）：寬 8cm ×長 10cm
B 布（6／素色棉布，7／素色亞麻）：寬 8cm ×長 5cm
C 布（6／素色亞麻，7／素色棉布）：寬 8cm ×長 15cm
提把（棉繩粗 0.3cm 寬）：12cm 兩條
25 號刺繡線（6／紅色，7／米色）
7／羊毛氈（白色）3cm × 3cm

5 製作方法

1 刺繡

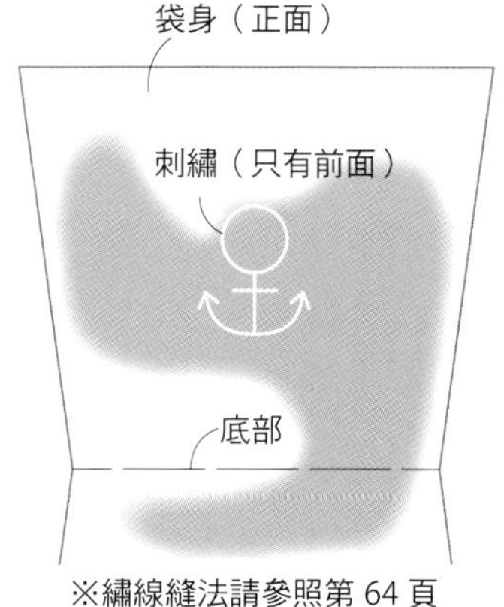
袋身（正面）
刺繡（只有前面）
底部

※繡線縫法請參照第 64 頁

2 側邊縫合，縫出底寬

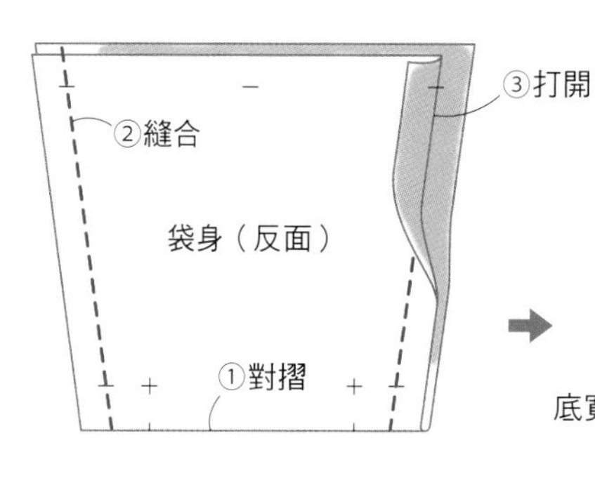
③打開
②縫合
袋身（反面）
①對摺

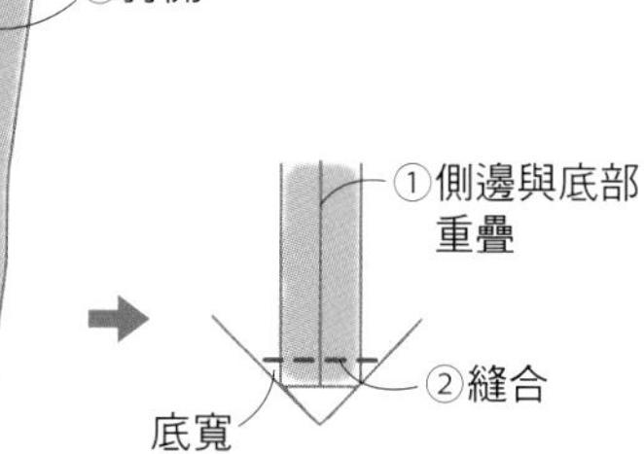
①側邊與底部
重疊
②縫合
底寬

3 袋口下摺

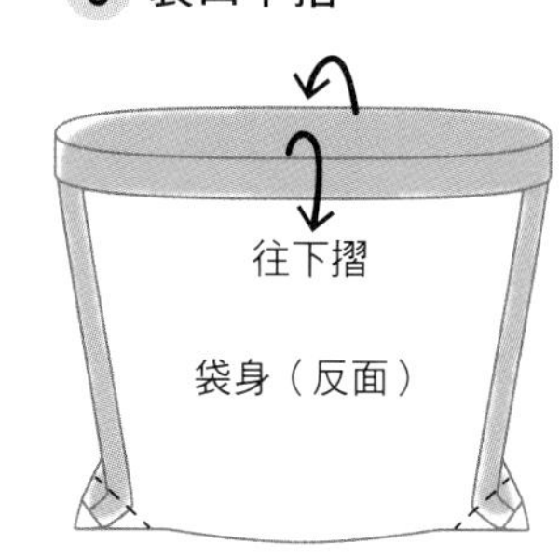
往下摺
袋身（反面）

※內袋製作方法相同

4 縫緊袋口

①袋身放入內袋
袋身（正面）
②弓字縫
內袋（正面）

5 縫上提把

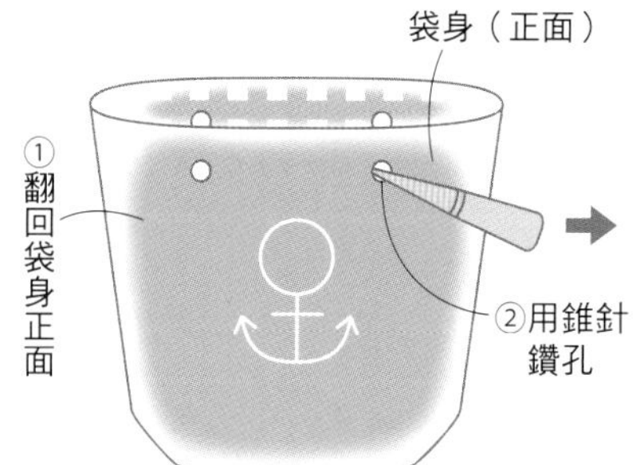
袋身（正面）
①翻回袋身正面
②用錐針
鑽孔

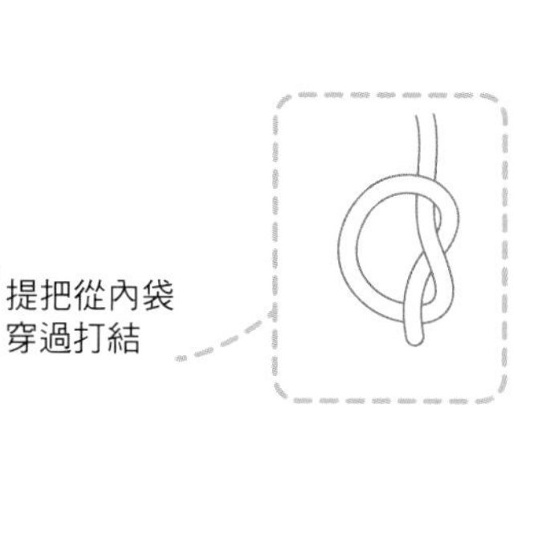
提把從內袋
穿過打結

6 加上緞帶

完成

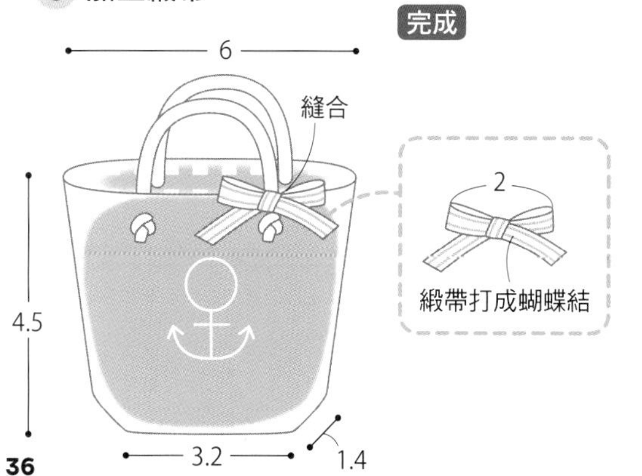
6
縫合
4.5
3.2
1.4
2
緞帶打成蝴蝶結

實際尺寸紙型

※預留□數值的縫份

5 袋身（A 布 1 塊）
內袋（B 布 1 塊）

6、7 內袋（C 布各 1 塊）

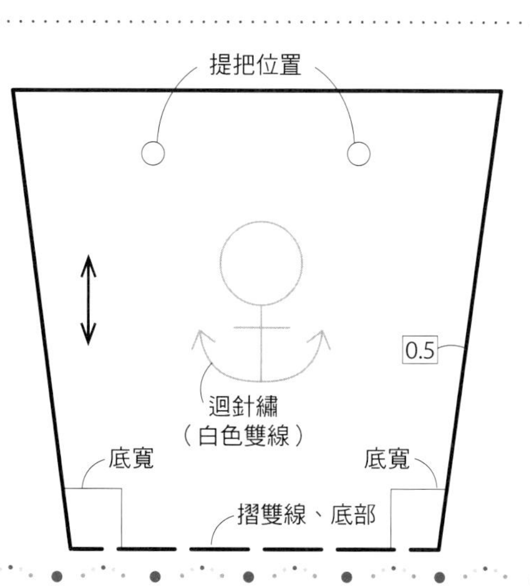
提把位置
0.5
迴針繡
（白色雙線）
底寬
底寬
摺雙線、底部

6、7 製作方法

1 刺繡

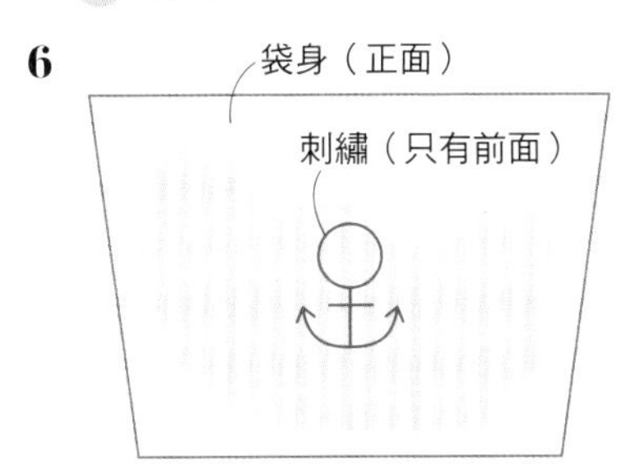
6
袋身（正面）
刺繡（只有前面）

※繡線縫法請參照第 64 頁

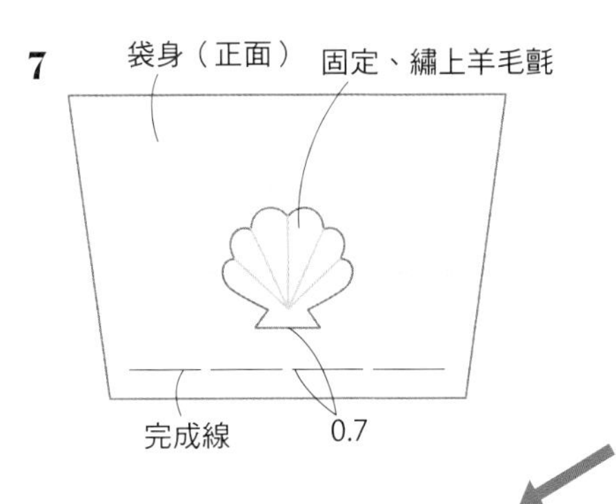
7
袋身（正面）
固定、繡上羊毛氈
完成線
0.7

2 袋身與底布縫合

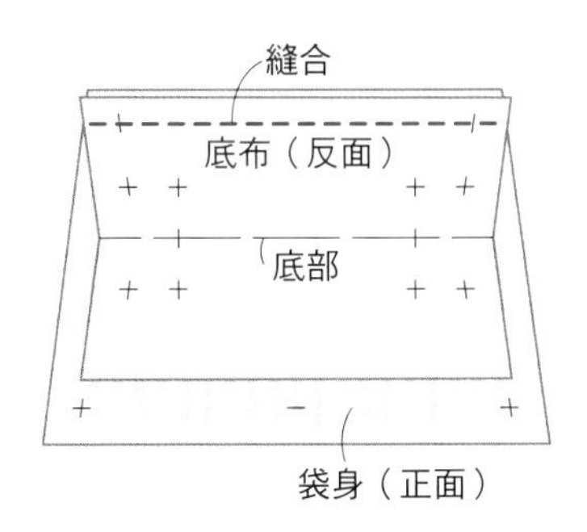
縫合
底布（反面）
底部
袋身（正面）

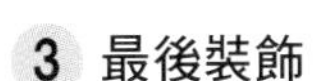

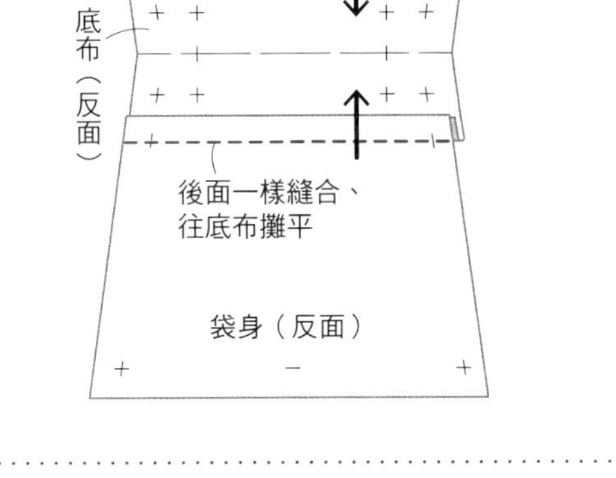
袋身（反面）
往底布攤平
底布（反面）
後面一樣縫合、
往底布攤平
袋身（反面）

完成

3 最後裝飾

側邊、底寬、內袋製作方法及提把縫法都與 **5** 相同

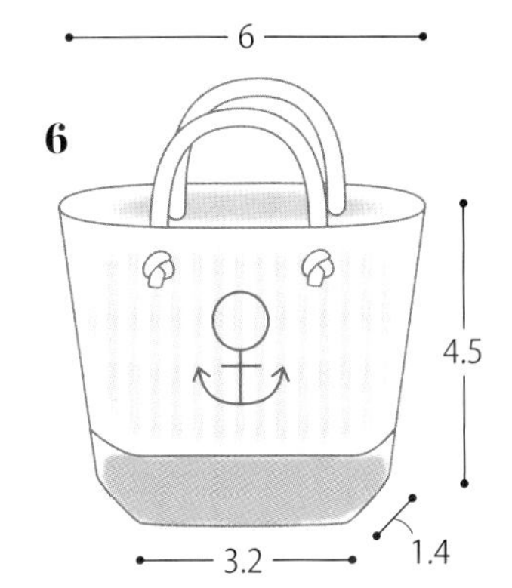
6
6
4.5
3.2
1.4

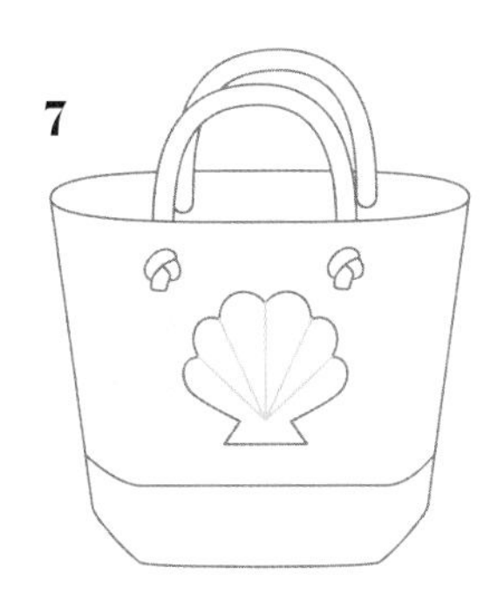
7

實際尺寸紙型

※預留□數值的縫份

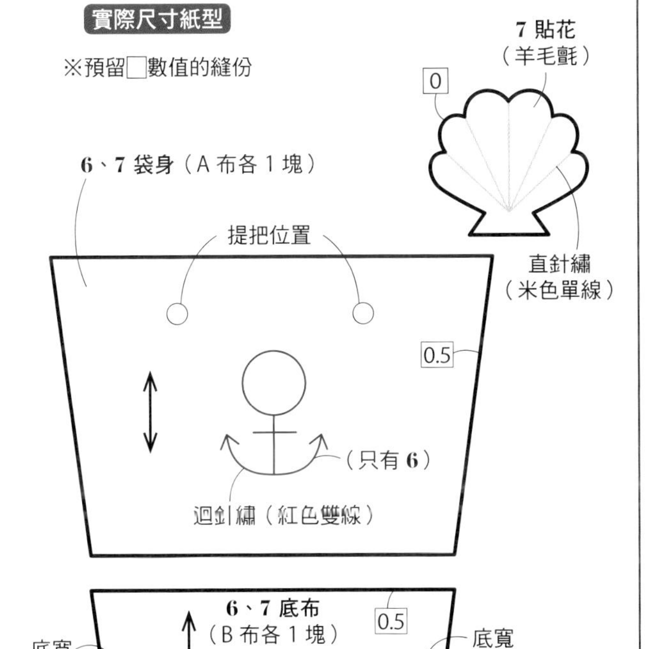
7 貼花
（羊毛氈）
0
直針繡
（米色單線）
6、7 袋身（A 布各 1 塊）
提把位置
0.5
（只有 6）
迴針繡（紅色雙線）
6、7 底布
（B 布各 1 塊）
0.5
底寬
底寬
摺雙線、底部

第 2 頁　1～4 實際尺寸紙型

※預留□數值的縫份

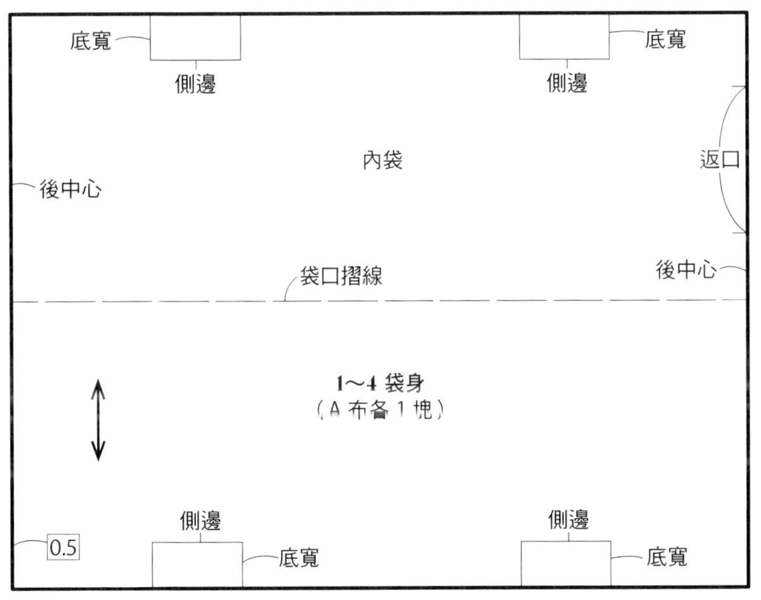
底寬
側邊
底寬
側邊
內袋
返口
後中心
後中心
袋口摺線
1～4 袋身
（A 布各 1 塊）
側邊
側邊
0.5
底寬
底寬

10
11
12
13
14

材料（一件份）

A 布（印花或素色棉布）：寬 5cm ×長 10cm
B 布（印花或素色棉布）：寬 5cm ×長 10cm
提把（緞帶 0.4cm 寬）：7cm 兩條
10／蕾絲綴飾（1.5cm × 1cm）：1 片
12／緞帶（1cm 寬）：20cm
13／織帶（0.8cm 寬）：3cm
14／玫瑰綴飾（1cm × 2.5cm）：1 朵

實際尺寸紙型

※預留 0.5cm 縫份

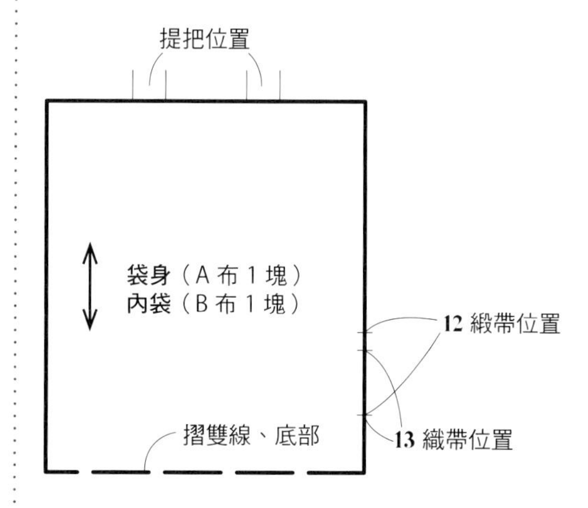
提把位置
袋身（A 布 1 塊）
內袋（B 布 1 塊）
12 緞帶位置
13 織帶位置
摺雙線、底部

製作方法

1 縫合袋身

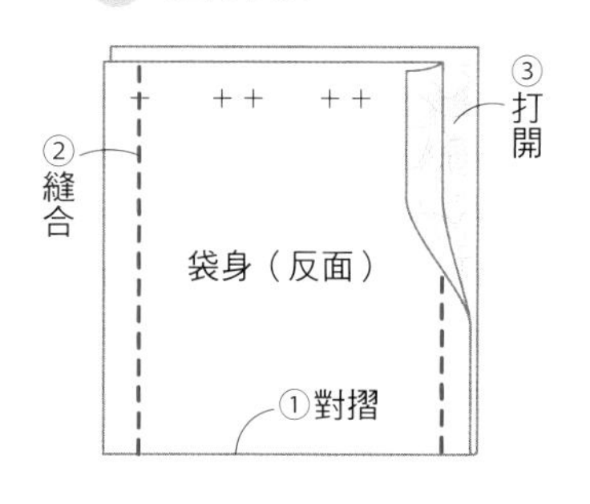
③打開
②縫合
袋身（反面）
①對摺

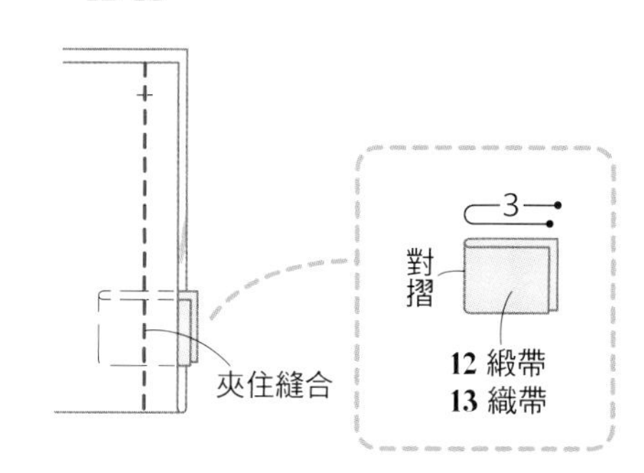
12·13
夾住縫合
3
對摺
12 緞帶
13 織帶

2 縫上提把

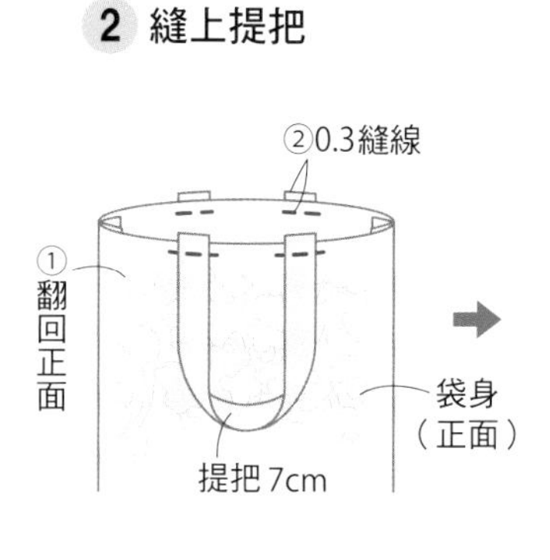
②0.3縫線
①翻回正面
袋身（正面）
提把 7cm

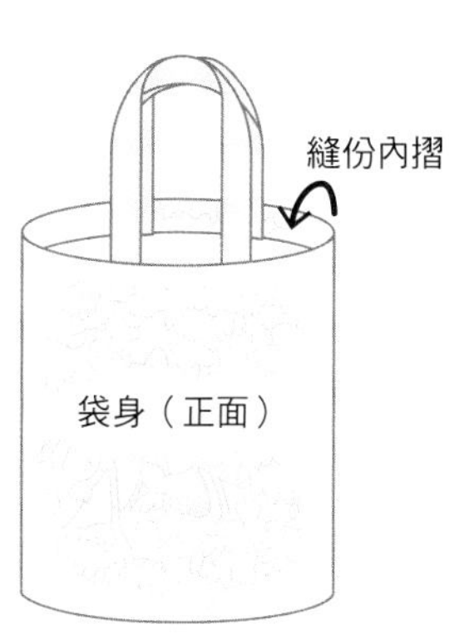
縫份內摺
袋身（正面）

3 縫合內袋

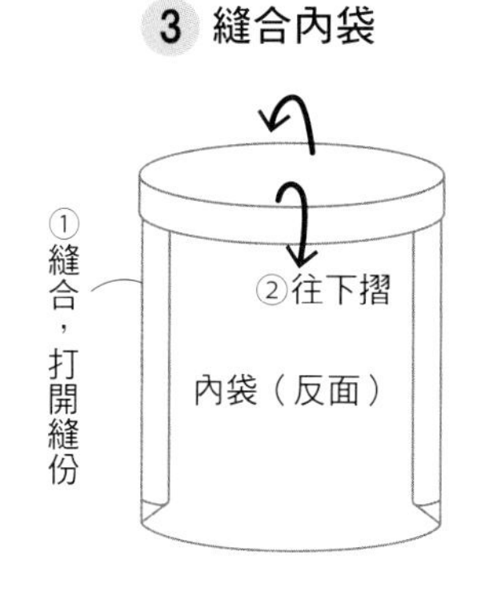
①縫合，打開縫份
②往下摺
內袋（反面）

4 內袋放入袋身縫合

完成

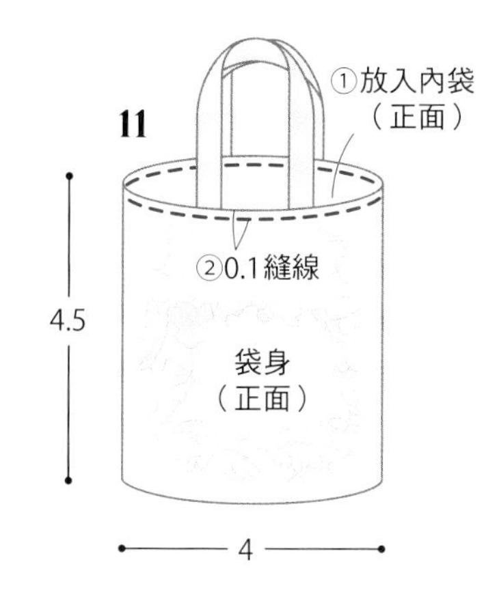
11
①放入內袋（正面）
②0.1縫線
4.5
袋身（正面）
4

5 縫上綴飾、緞帶

完成

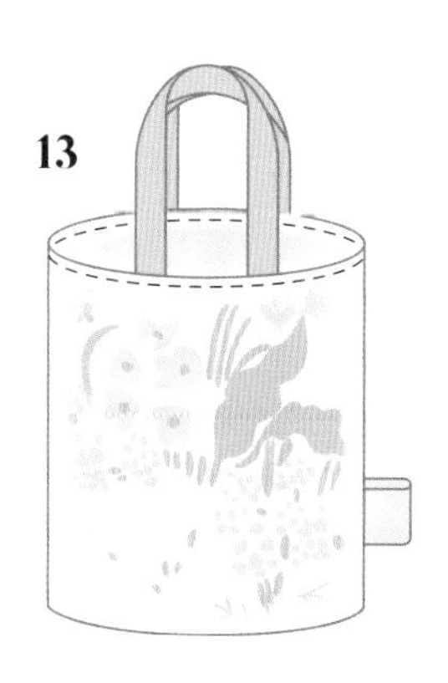
13

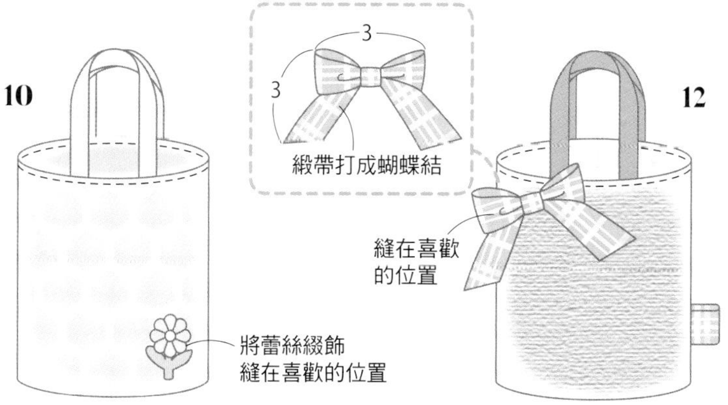
10
將蕾絲綴飾縫在喜歡的位置
3
3
緞帶打成蝴蝶結
縫在喜歡的位置
12
14
將玫瑰綴飾縫在喜歡的位置

15
16
17

材料（一件份）

A 布（素色棉麻布）：寬 7cm ×長 10cm
B 布（印花棉布）：寬 7cm ×長 10cm
提把（皮繩 0.3cm 寬）：7cm 兩條
15／蕾絲（0.7cm 寬）：15cm
　玫瑰綴飾（1.5cm × 1.5cm）：2 朵
16／刺繡邊飾（0.5cm 寬）：15cm
　玫瑰綴飾（2.5cm × 1.5cm）：1 朵
17／蕾絲（1cm 寬）：15cm
　緞帶（0.4cm 寬）：10cm
　花朵綴飾（1.2cm × 1.2cm）：2 朵

實際尺寸紙型

※預留 0.5cm 縫份

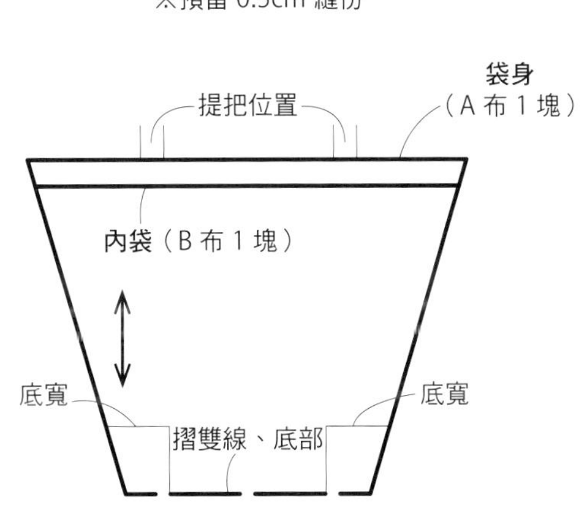
袋身
（A 布 1 塊）
提把位置
內袋（B 布 1 塊）
底寬
底寬
摺雙線、底部

製作方法

1 縫合袋身側邊，縫出底寬

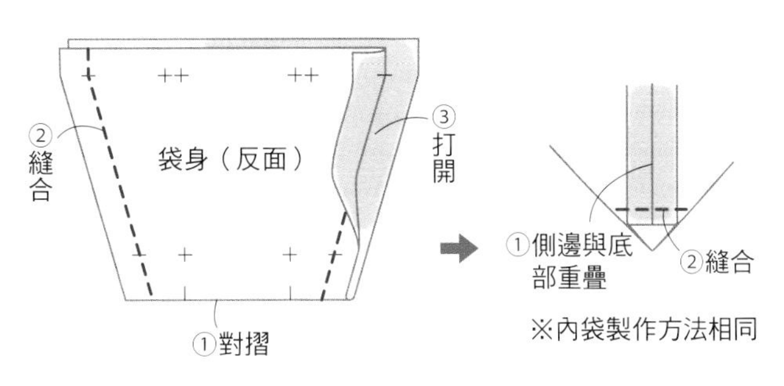
②縫合
袋身（反面）
③打開
①對摺
①側邊與底部重疊
②縫合
※內袋製作方法相同

2 縫上提把

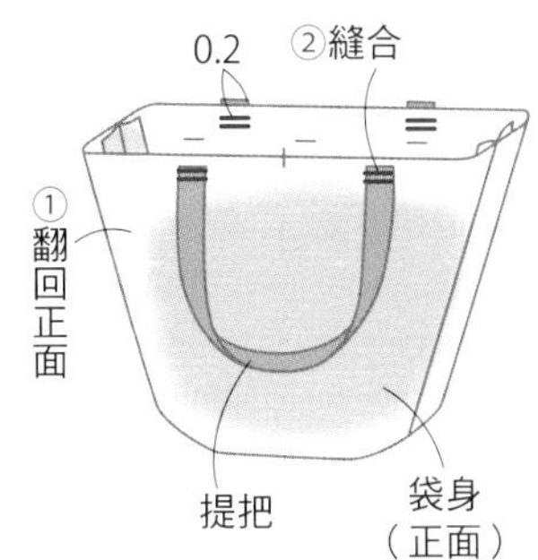
0.2
②縫合
①翻回正面
提把
袋身（正面）

3 縫份內摺

縫份內摺
袋身
（正面）

4 內袋放入縫合

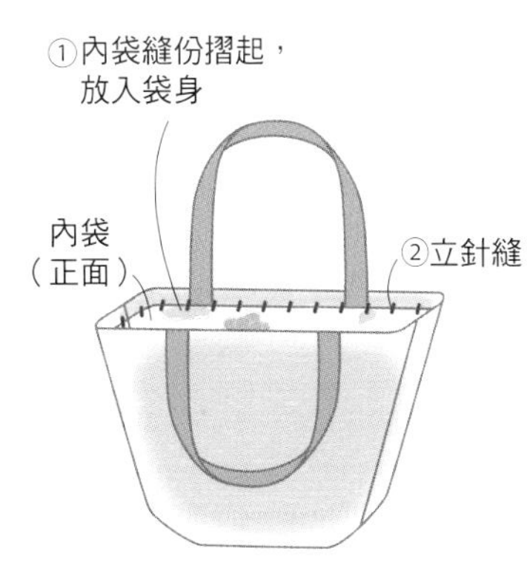
①內袋縫份摺起，
放入袋身
內袋
（正面）
②立針縫

5 縫上蕾絲

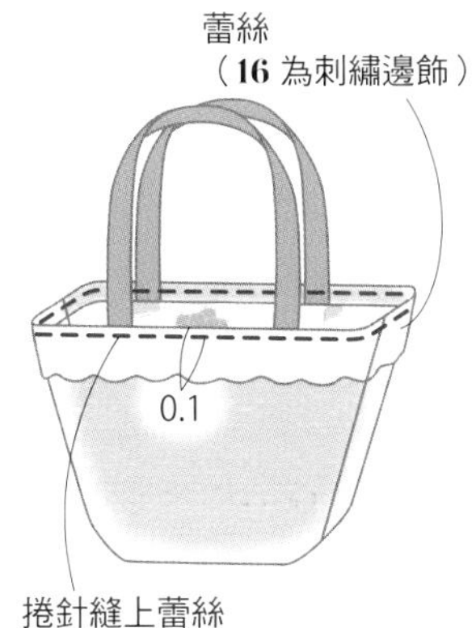
蕾絲
（16 為刺繡邊飾）
0.1
捲針縫上蕾絲

6 縫上綴飾

完成

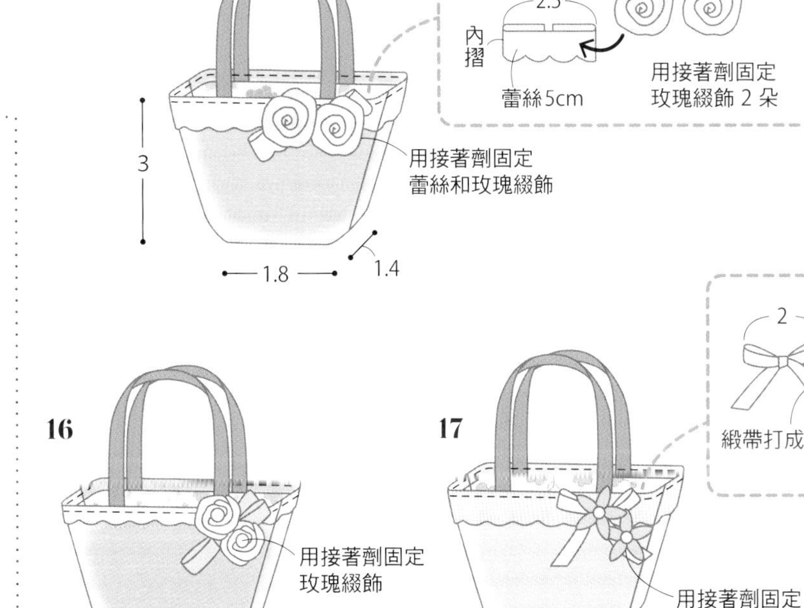
5
15
2.5
內摺
蕾絲 5cm
用接著劑固定
玫瑰綴飾 2 朵
用接著劑固定
蕾絲和玫瑰綴飾
3
1.8
1.4
16
用接著劑固定
玫瑰綴飾
17
2
2
緞帶打成蝴蝶結
用接著劑固定
緞帶和花朵綴飾

實際尺寸紙型第 61 頁

29　30

29 材料

A 布（素色棉布）：寬 15cm ×長 10cm
B 布（印花棉布）：寬 30cm ×長 15cm
提把（皮繩 0.5cm 寬）：8cm 兩條
緞帶（0.5cm 寬）：20cm

30 材料

A 布（印花棉布）：寬 15cm ×長 5cm
B 布（素色亞麻）：寬 15cm ×長 10cm
薄紗（2cm 寬）：15cm
蕾絲（1cm 寬）：15cm
珍珠（0.5cm）：36 顆

29 製作方法

1 製作荷葉邊

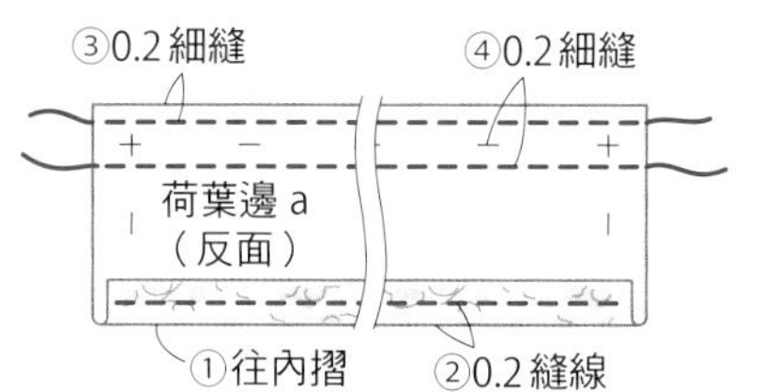
③0.2 細縫
④0.2 細縫
荷葉邊 a
（反面）
①往內摺
②0.2 縫線

※荷葉邊 b 製作方法相同

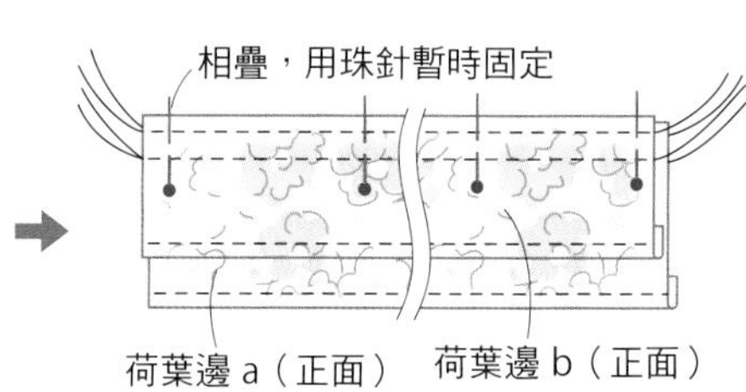
相疊，用珠針暫時固定
荷葉邊 a（正面）
荷葉邊 b（正面）

2 袋身和荷葉邊縫合

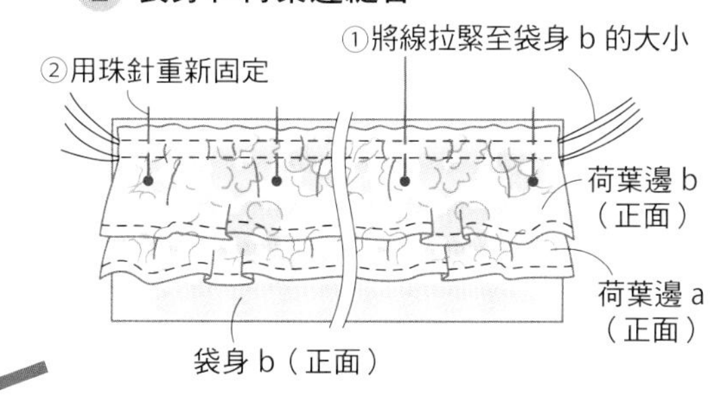
①將線拉緊至袋身 b 的大小
②用珠針重新固定
荷葉邊 b
（正面）
荷葉邊 a
（正面）
袋身 b（正面）

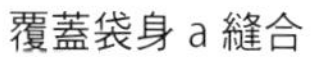

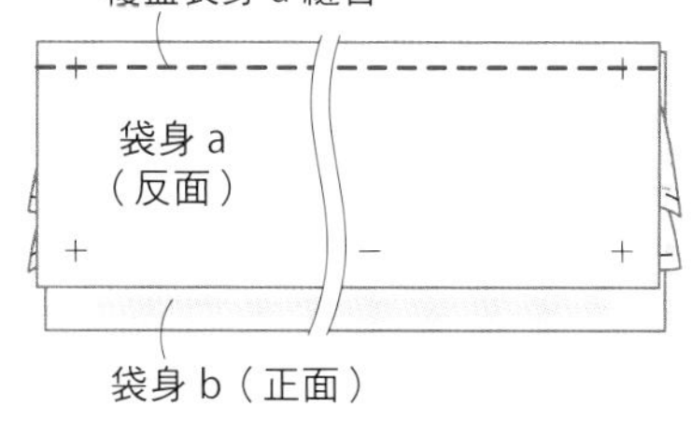
覆蓋袋身 a 縫合
袋身 a
（反面）
袋身 b（正面）

袋身 a（正面）　①往上摺　②0.1縫線　袋身 b（正面）　荷葉邊 a（正面）　荷葉邊 b（正面）

3 側邊縫合

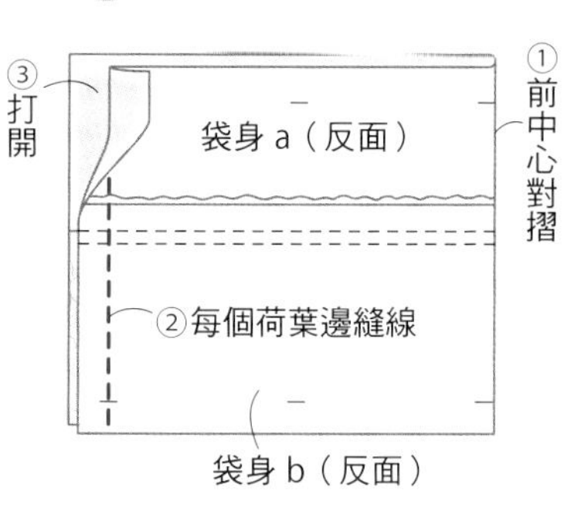
③打開
①前中心對摺
袋身 a（反面）
②每個荷葉邊縫線
袋身 b（反面）

4 縫合底部，縫出底寬

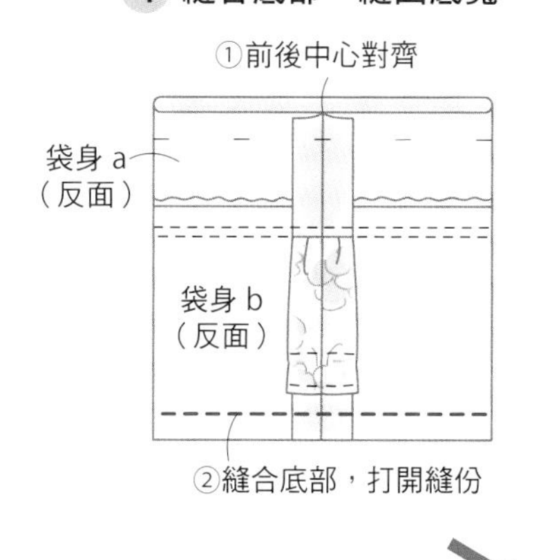
①前後中心對齊
袋身 a
（反面）
袋身 b
（反面）
②縫合底部，打開縫份

底寬　側邊　②1縫線　①側邊與底部重疊

5 縫合內袋側邊

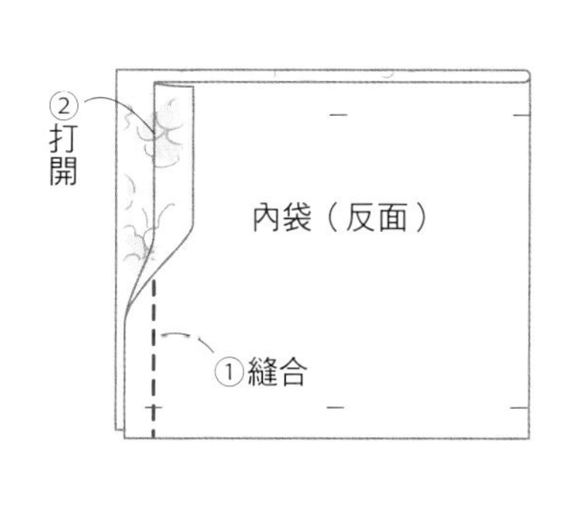
②打開
內袋（反面）
①縫合

6 縫上提把

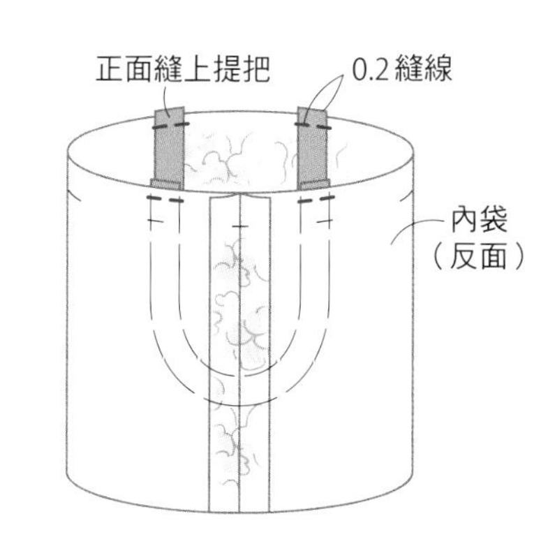
正面縫上提把
0.2 縫線
內袋
（反面）

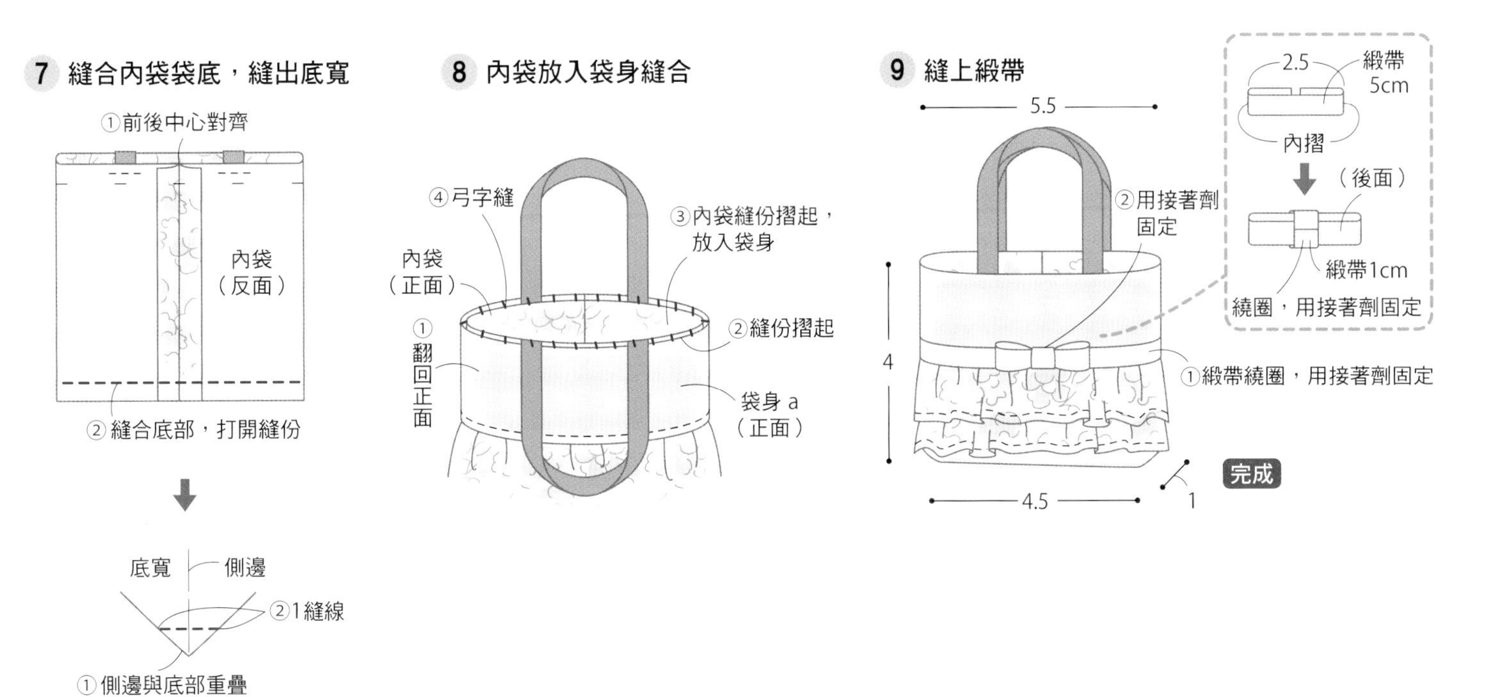
7 縫合內袋袋底，縫出底寬
①前後中心對齊
內袋
（反面）
②縫合底部，打開縫份
底寬
側邊
②1縫線
①側邊與底部重疊
8 內袋放入袋身縫合
④弓字縫
內袋
（正面）
①翻回正面
③內袋縫份摺起，放入袋身
②縫份摺起
袋身 a
（正面）
9 縫上緞帶
5.5
②用接著劑固定
4
①緞帶繞圈，用接著劑固定
4.5
1
完成
2.5
緞帶 5cm
內摺
（後面）
緞帶1cm
繞圈，用接著劑固定

30 製作方法

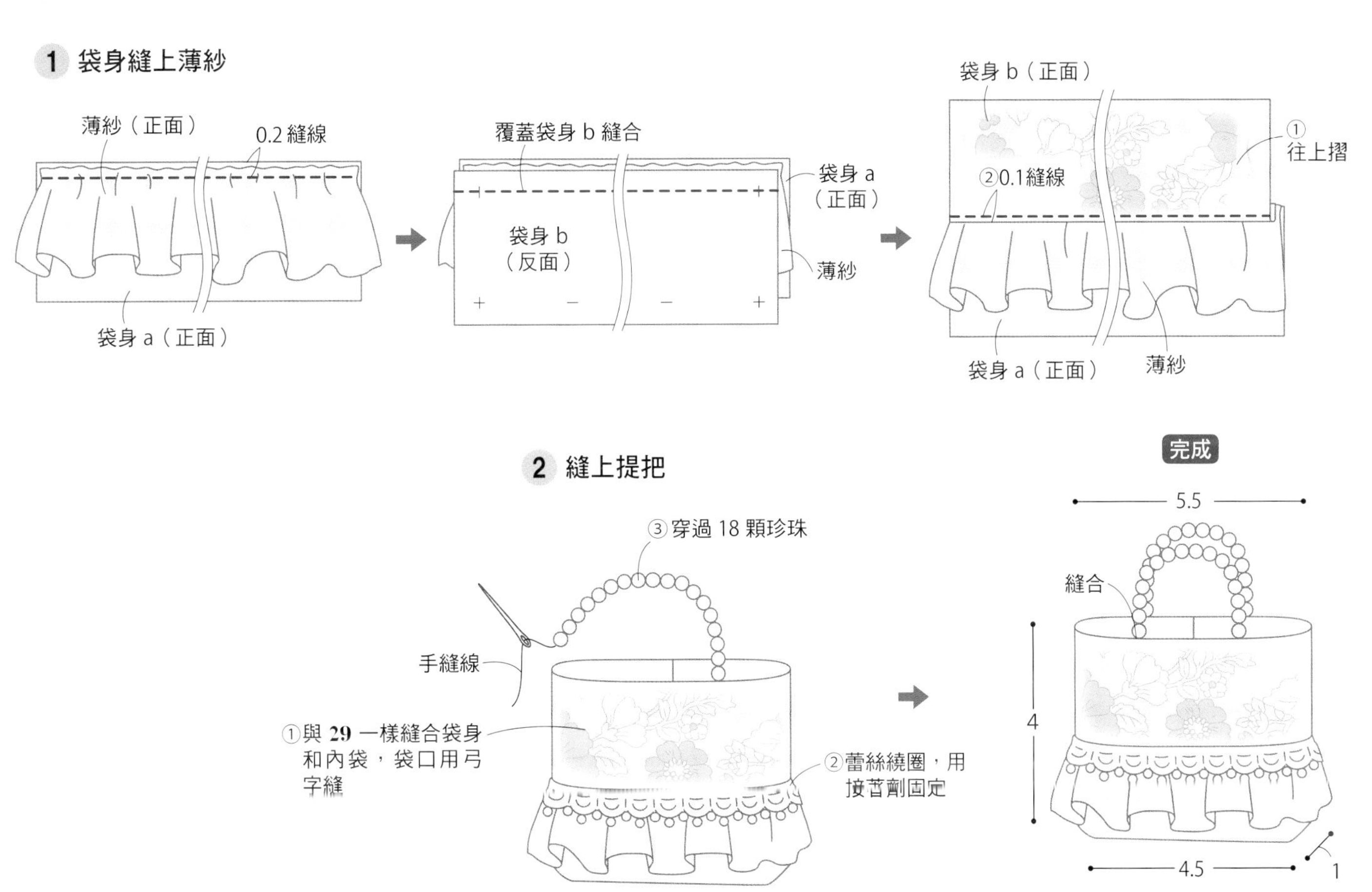
1 袋身縫上薄紗
薄紗（正面）
0.2 縫線
袋身 a（正面）
覆蓋袋身 b 縫合
袋身 a
（正面）
袋身 b
（反面）
薄紗
袋身 b（正面）
①往上摺
②0.1縫線
袋身 a（正面）
薄紗
2 縫上提把
③穿過 18 顆珍珠
手縫線
①與 29 一樣縫合袋身和內袋，袋口用弓字縫
②蕾絲繞圈，用接著劑固定
完成
5.5
縫合
4
4.5
1

25
26
27
28

材料（一件份）

A 布（25-27／印花棉布，28／素色亞麻）：寬 13cm ×長 5cm

B 布（25-27／素色棉布，28／印花棉布）：寬 20cm ×長 5cm

D 型環（內側尺寸 15cm）：2 個

麻繩（粗 0.1cm）：60cm 兩條

28／鈕扣（0.8cm）：1 顆

25 號刺繡線（綠色）

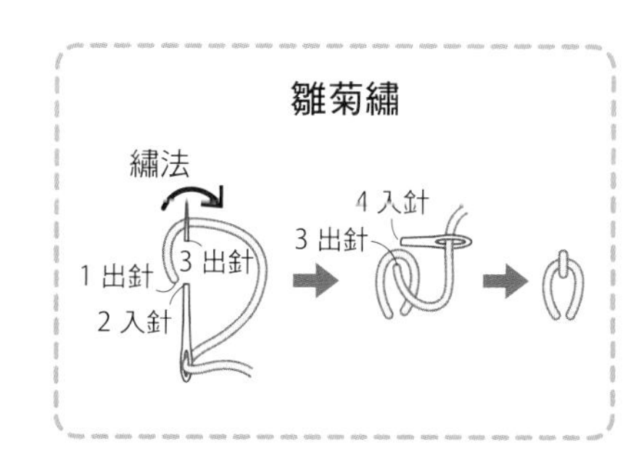
雛菊繡
繡法
1 出針
2 入針
3 出針
4 入針
3 出針

製作方法

1 製作提把

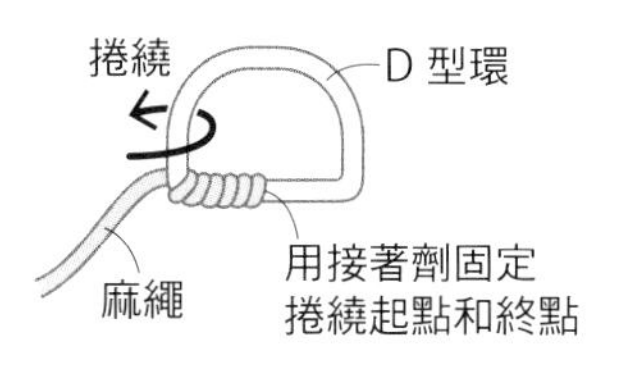
捲繞
D 型環
麻繩
用接著劑固定
捲繞起點和終點

※製作 2 個

2 袋口布兩側縫線

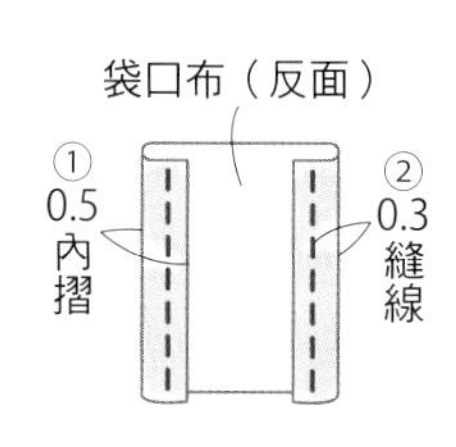
袋口布（反面）
①0.5 內摺
②0.3 縫線

3 縫合袋身

※28 縫上刺繡和鈕扣才縫合袋身

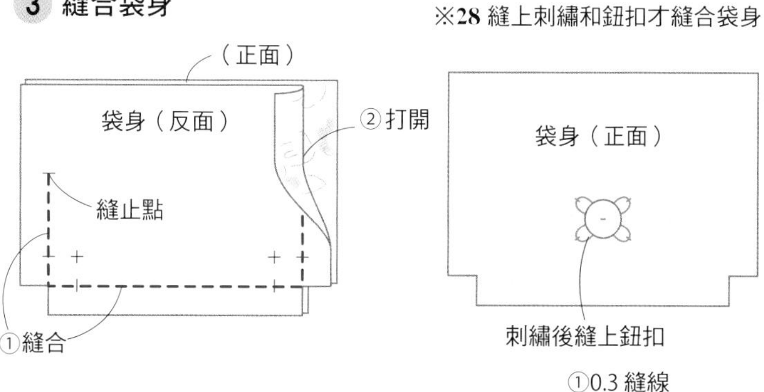
（正面）
袋身（反面）
②打開
縫止點
①縫合
袋身（正面）
刺繡後縫上鈕扣

4 縫出底寬

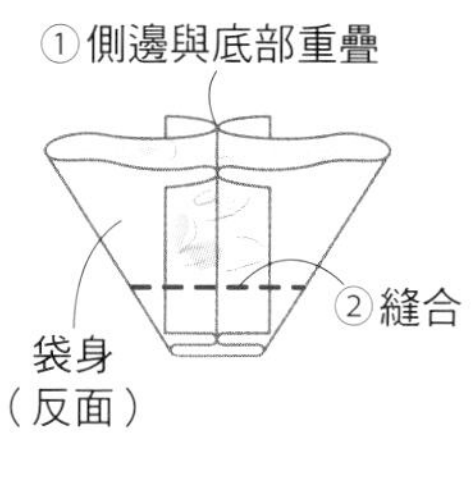
①側邊與底部重疊
②縫合
袋身
（反面）

※內袋做法相同

5 袋身放入內袋，縫合開口

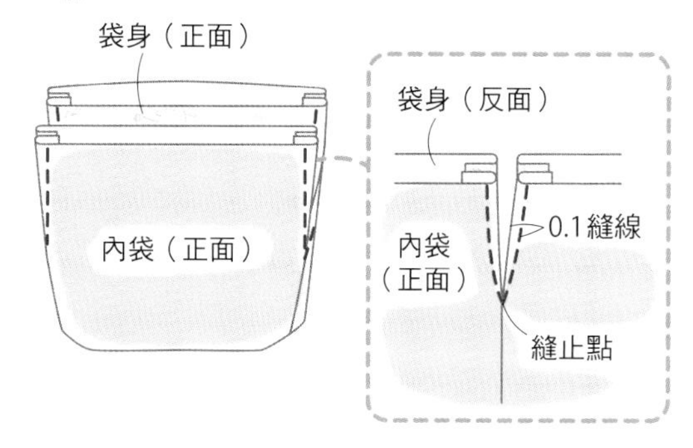
袋身（正面）
內袋（正面）
袋身（反面）
內袋
（正面）
0.1 縫線
縫止點

6 袋口縫線收緊

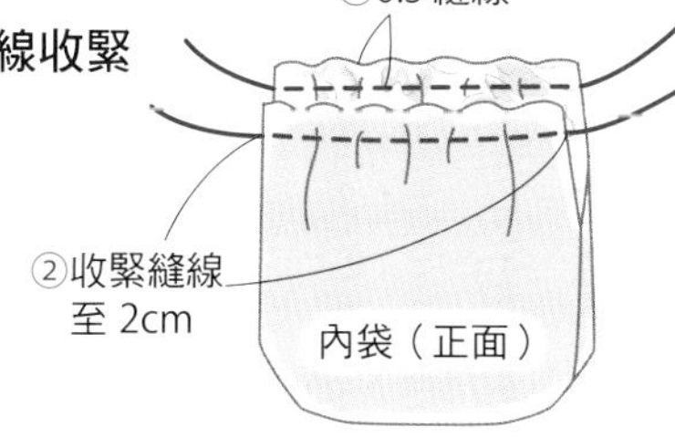
①0.3 縫線
②收緊縫線
至 2cm
內袋（正面）

7 縫上袋口布、提把

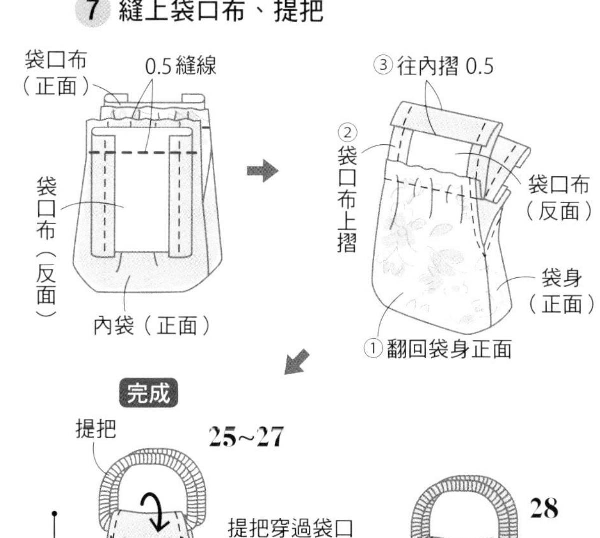
袋口布
（正面）
0.5 縫線
袋口布（反面）
內袋（正面）
③往內摺 0.5
②袋口布上摺
袋口布
（反面）
袋身
（正面）
①翻回袋身正面
完成
提把
25~27
提把穿過袋口布，將包覆提把的袋口布縫合
3.2
3.5
1
28

實際尺寸紙型

※預留□數值的縫份

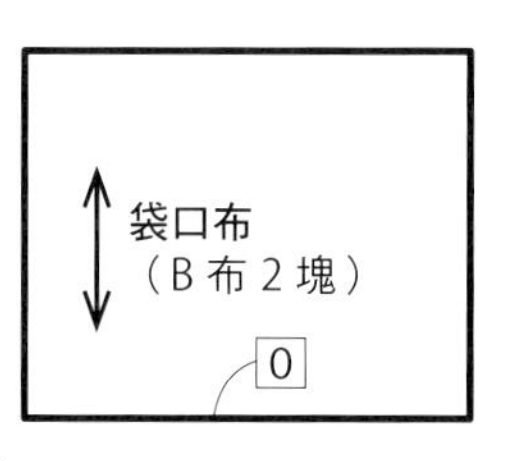
袋口布
（B 布 2 塊）
0

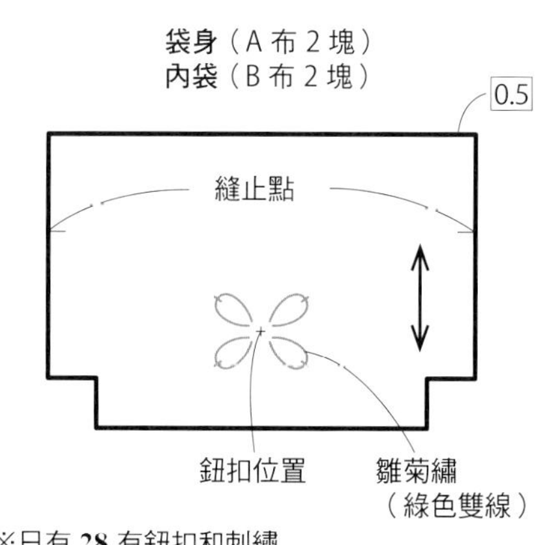
袋身（A 布 2 塊）
內袋（B 布 2 塊）
0.5
縫止點
鈕扣位置
雛菊繡
（綠色雙線）

※只有 28 有鈕扣和刺繡

第 14 頁 31～35

31
32
33
34
35

材料（一件份）

A 布（31、34、35／印花棉布，32／條紋棉布，33／素色亞麻）：寬 15cm ×長 10cm
B 布（31、32／素色亞麻，33／印花棉布，34、35／素色棉布）：寬 5cm ×長 15cm
C 布（31／格紋棉布，32／印花棉布，33、35／條紋棉布，34／素色棉布）：寬 15cm ×長 14cm
提把（皮繩 0.5cm 寬）：8cm 兩條
32／圓形綴飾（1cm 寬）：1 個
32／繩子（粗 0.1cm）：6cm

製作方法

1 縫合袋身與袋身底寬

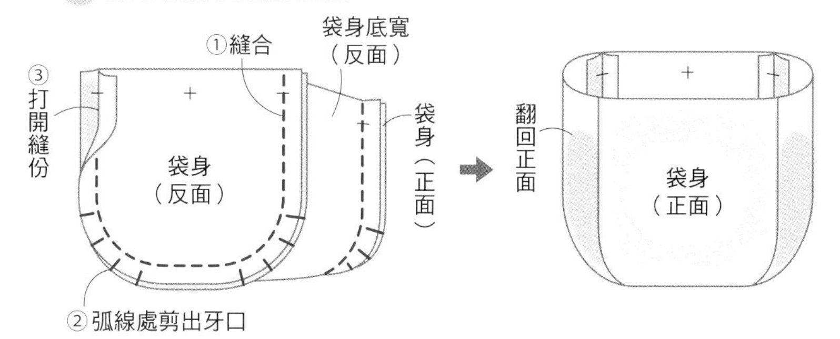

①縫合
袋身底寬（反面）
③打開縫份
袋身（反面）
袋身（正面）
②弧線處剪出牙口
翻回正面
袋身（正面）

2 縫合內袋與內袋底寬

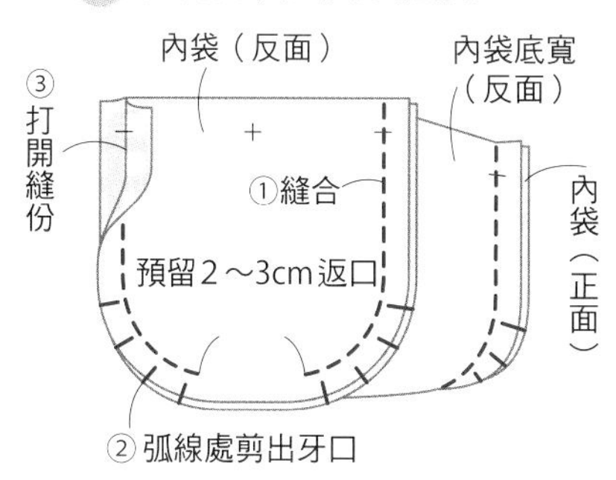

內袋（反面）
內袋底寬（反面）
③打開縫份
①縫合
內袋（正面）
預留 2～3cm 返口
②弧線處剪出牙口

3 袋身放入內袋縫合

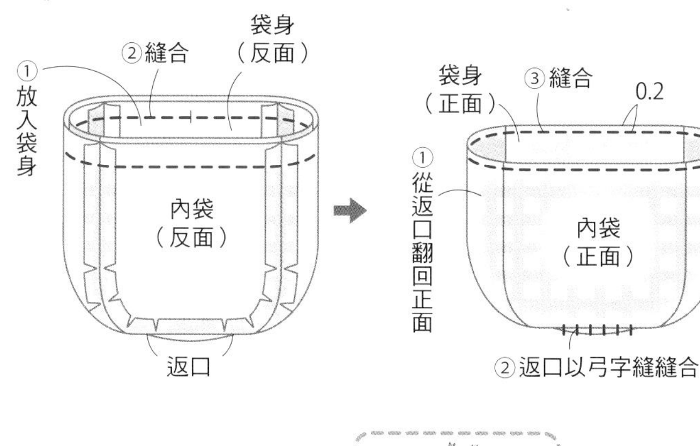

袋身（反面）
②縫合
①放入袋身
內袋（反面）
返口
袋身（正面）
③縫合
0.2
①從返口翻回正面
內袋（正面）
②返口以弓字縫縫合

4 縫上提把

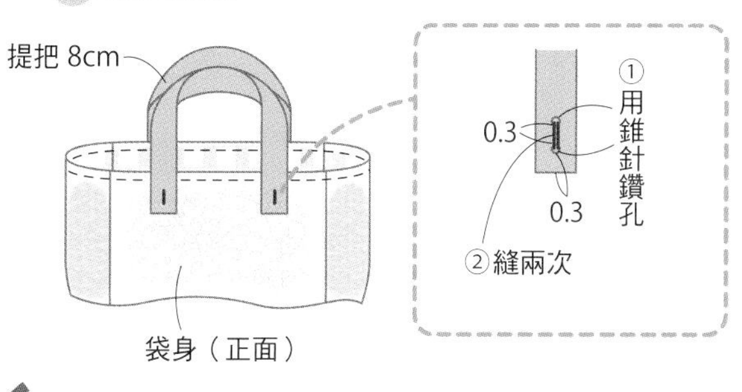

提把 8cm
袋身（正面）
0.3
0.3
①用錐針鑽孔
②縫兩次

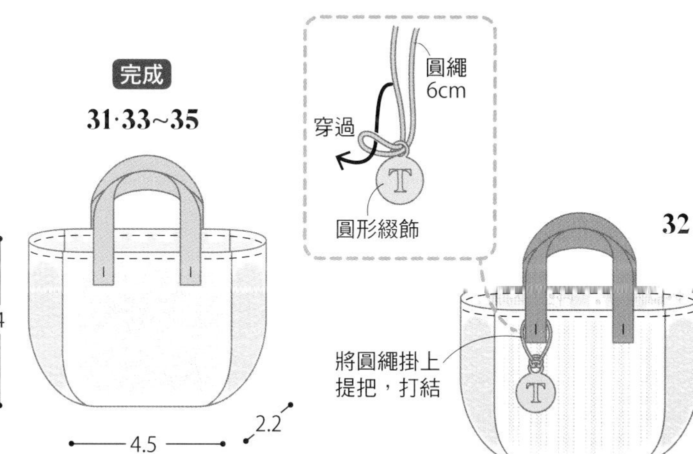

完成
31·33~35
4
4.5
2.2
圓繩 6cm
穿過
圓形綴飾
32
將圓繩掛上提把，打結

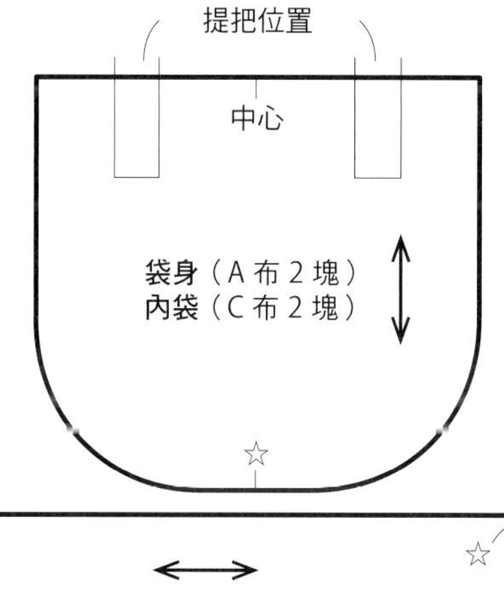

實際尺寸紙型
※預留 0.4cm 縫份
提把位置
中心
袋身（A 布 2 塊）
內袋（C 布 2 塊）
袋身底寬（B 布 2 塊）
內袋底寬（C 布 2 塊）
摺雙線

第 16 頁 39～41

39
40
41

材料（一件份）

A 布（素色棉布）：寬 7cm ×長 10cm
：寬 9cm ×長 12cm
：寬 2.2cm ×長 13cm
斜紋剪裁
絎縫布：寬 9cm ×長 12cm
羊毛氈（綠色）：2cm × 3cm
（黃色）：3cm × 3cm
提把（皮繩 0.3cm 寬）：8cm 兩條
25 號刺繡線（綠色、黃色）

製作方法

1 縫製貼花

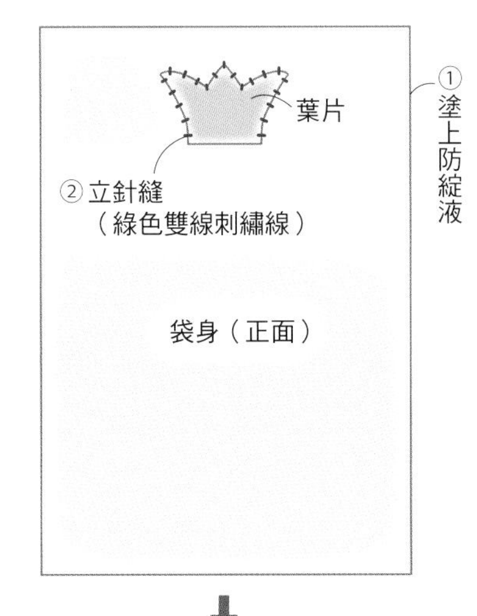
①塗上防綻液
葉片
②立針縫
（綠色雙線刺繡線）
袋身（正面）

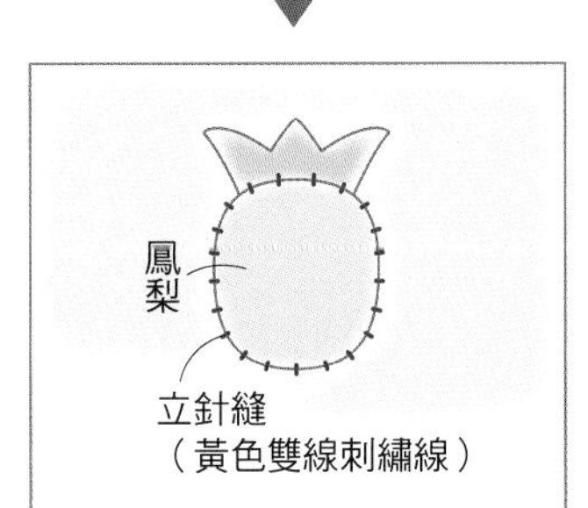
鳳梨
立針縫
（黃色雙線刺繡線）

2 與絎縫布、裡布重疊疏縫

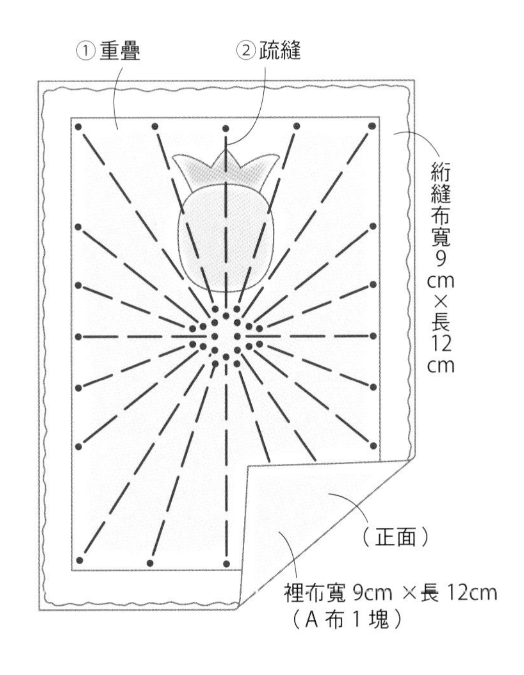
①重疊
②疏縫
絎縫布寬 9 cm ×長 12 cm
（正面）
裡布寬 9cm ×長 12cm
（A 布 1 塊）

3 縫出鳳梨表面紋路

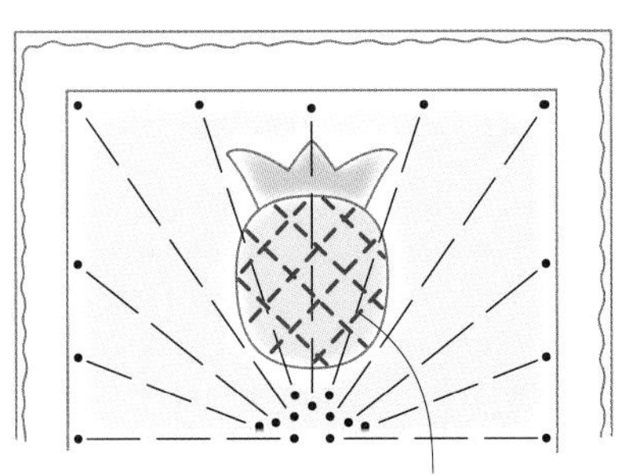
黃色單線刺繡線
三塊布料重疊一起縫，
縫線間隔 0.5cm

4 貼花周圍縫線

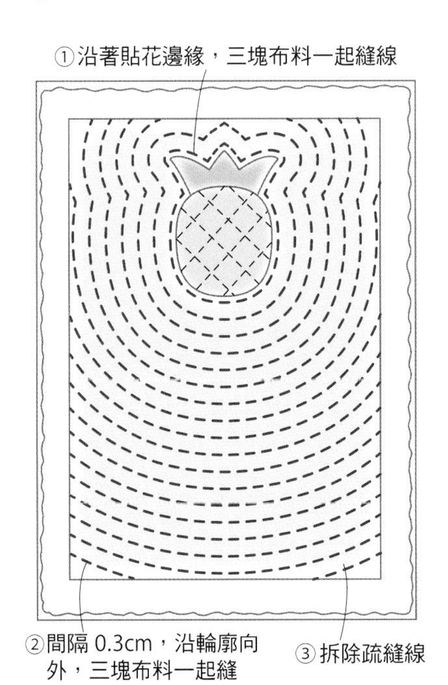
①沿著貼花邊緣，三塊布料一起縫線
②間隔 0.3cm，沿輪廓向外，三塊布料一起縫
③拆除疏縫線

5 裁剪絎縫布和裡布

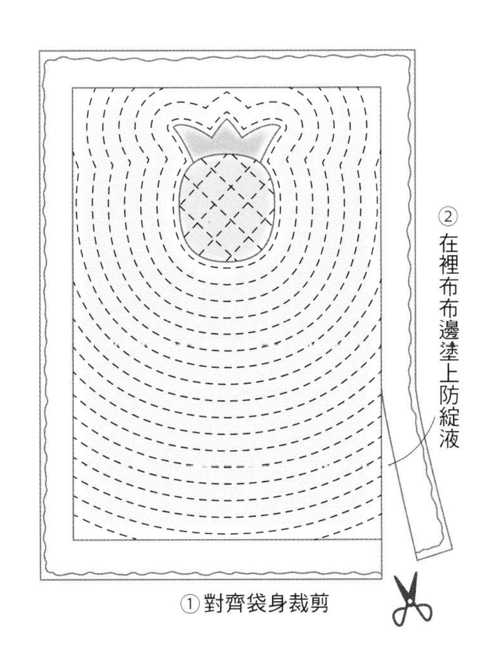
②在裡布布邊塗上防綻液
①對齊袋身裁剪

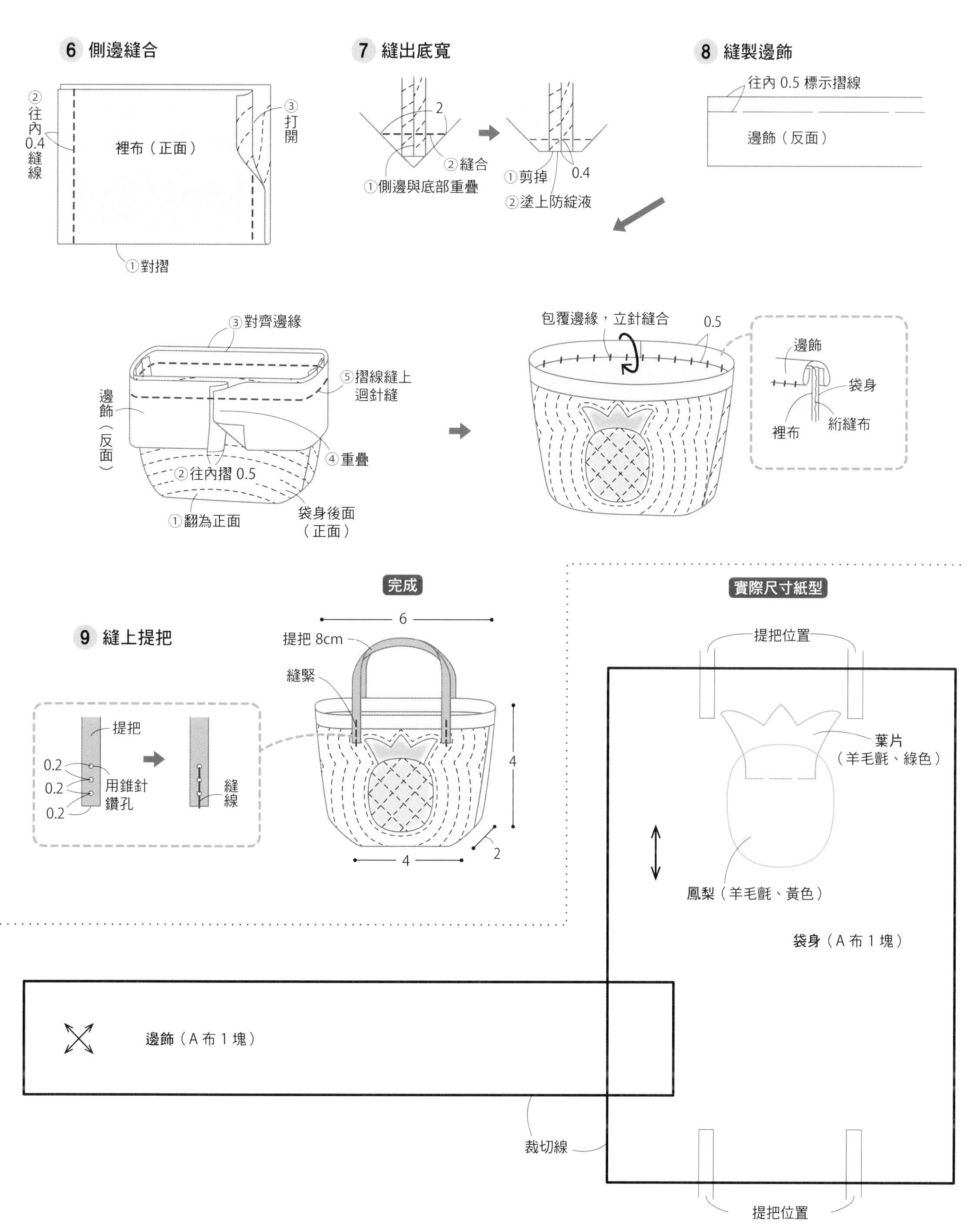
6 側邊縫合
②往內0.4縫線
裡布（正面）
③打開
①對摺
7 縫出底寬
2
②縫合
①側邊與底部重疊
①剪掉
0.4
②塗上防綻液
8 縫製邊飾
往內 0.5 標示摺線
邊飾（反面）
③對齊邊緣
⑤摺線縫上迴針縫
邊飾（反面）
④重疊
②往內摺 0.5
①翻為正面
袋身後面（正面）
包覆邊緣，立針縫合
0.5
邊飾
袋身
裡布
鋪縫布
完成
6
提把 8cm
縫緊
4
4
2
9 縫上提把
提把
0.2
0.2
0.2
用錐針鑽孔
縫線
實際尺寸紙型
提把位置
葉片（羊毛氈、綠色）
鳳梨（羊毛氈、黃色）
袋身（A 布 1 塊）
邊飾（A 布 1 塊）
裁切線
提把位置

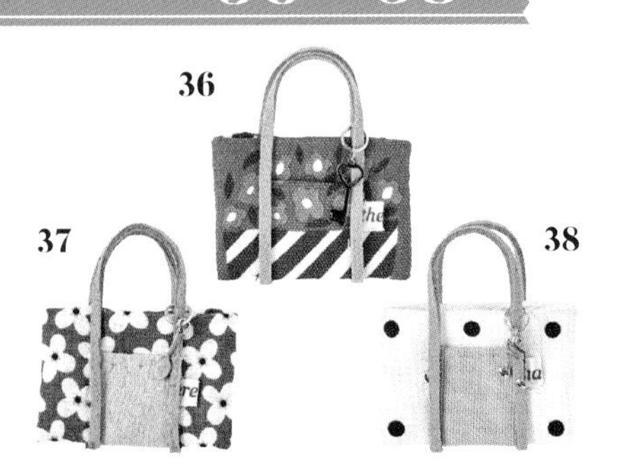
36
37
38

材料（一件份）

A 布（印花棉布）：寬 10cm ×長 10cm
B 布（37、38／素色棉布）：寬 5cm ×長 10cm
C 布（棉布，36、38／條紋，37／素色）：寬 10cm ×長 10cm
D 布（字母圖樣棉布）：寬 2cm ×長 0.5cm
提把（皮繩 0.3cm 寬）：25cm
圓型環（0.6cm）：1 個
綴飾：1 個

製作方法

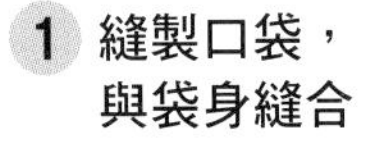
1 縫製口袋，
與袋身縫合

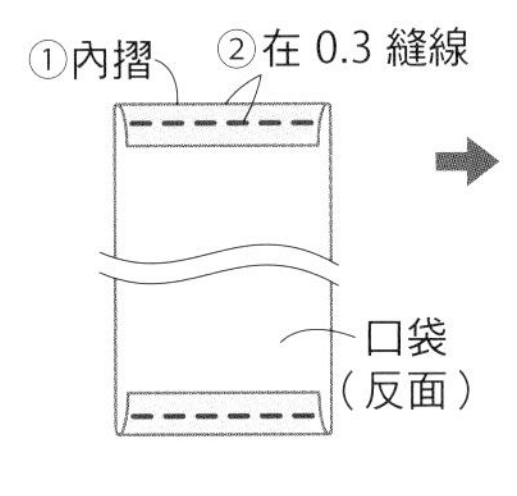
①內摺
②在 0.3 縫線
口袋
（反面）

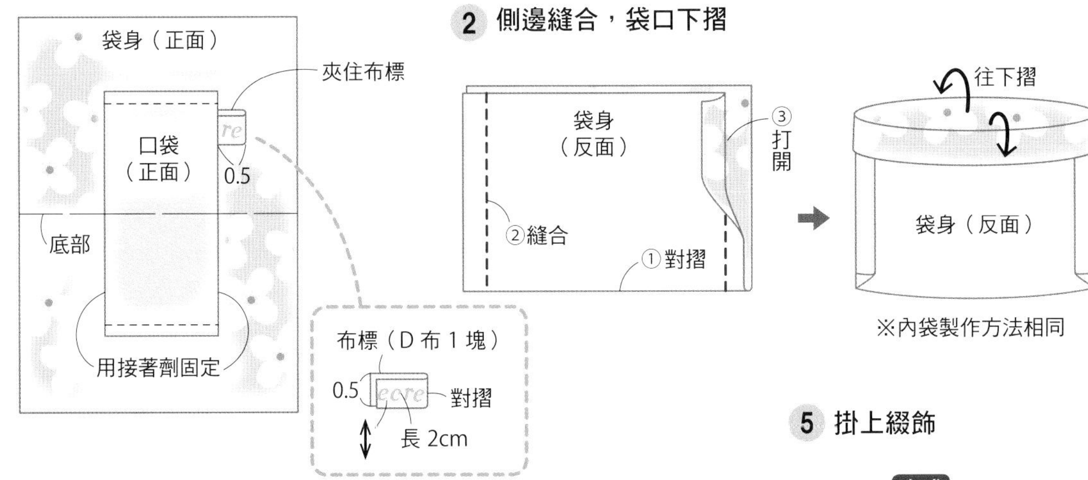
袋身（正面）
夾住布標
口袋
（正面）
0.5
底部
用接著劑固定
布標（D 布 1 塊）
0.5
對摺
長 2cm
2 側邊縫合，袋口下摺
袋身
（反面）
③打開
②縫合
①對摺
往下摺
袋身（反面）
※內袋製作方法相同

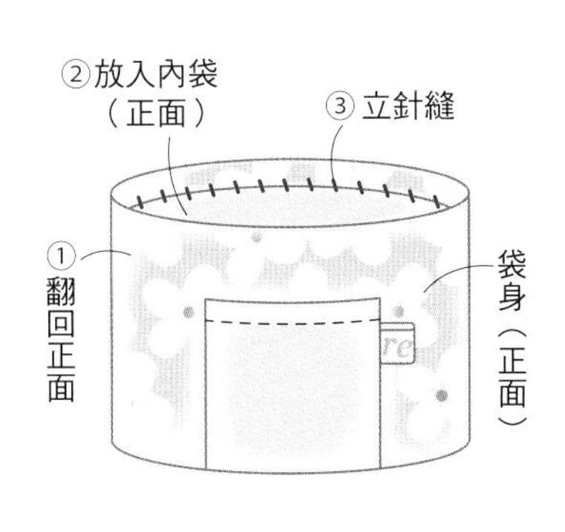
3 袋身放入內袋
②放入內袋
（正面）
③立針縫
①翻回正面
袋身（正面）

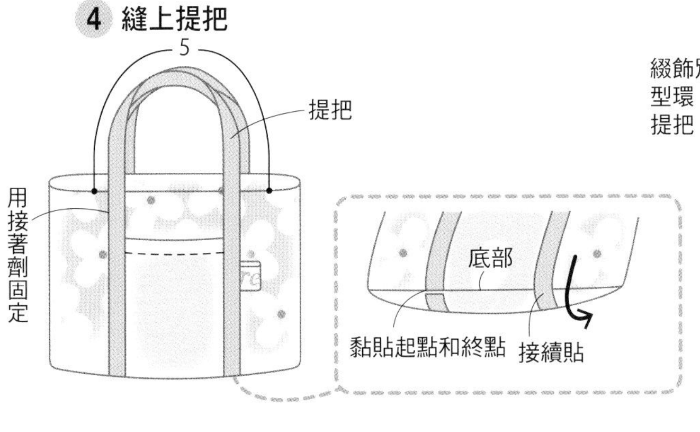
4 縫上提把
5
提把
用接著劑固定
底部
黏貼起點和終點
接續貼

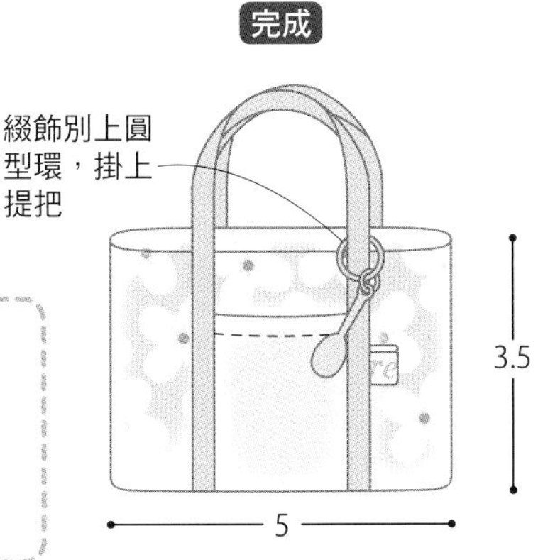
5 掛上綴飾
完成
綴飾別上圓型環，掛上提把
3.5
5

實際尺寸紙型

※預留□數值的縫份

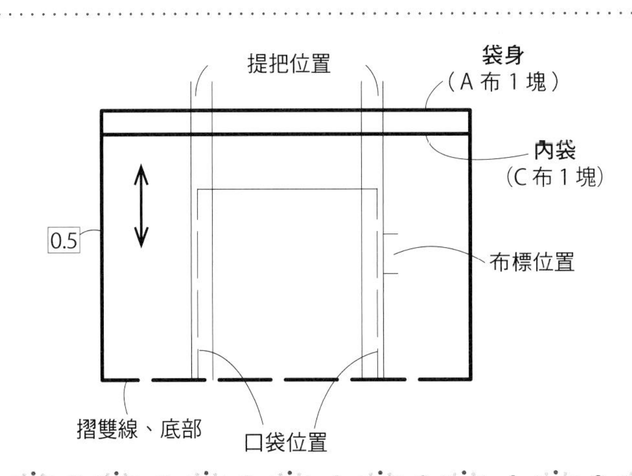
提把位置
袋身
（A 布 1 塊）
內袋
（C 布 1 塊）
0.5
布標位置
摺雙線、底部
口袋位置

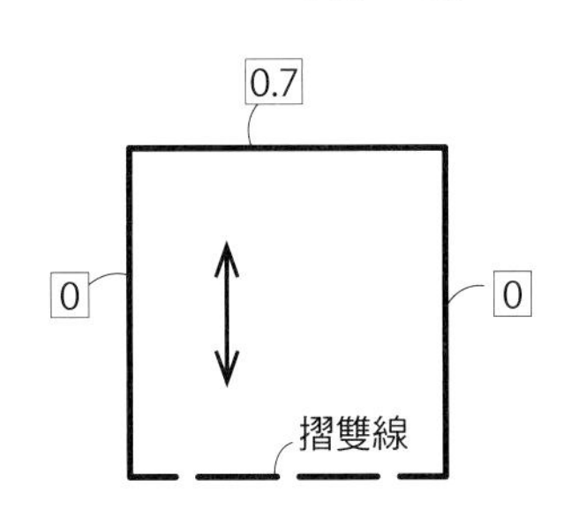
口袋
（36 A 布 1 塊
37、38 B 布各 1 塊）
0.7
0
0
摺雙線

42
43

材料（一件份）

A 布（42／印花棉布，43／丹寧布）：寬 7cm ×長 10cm

B 布（42／素色亞麻，43／藤編印花棉布）：寬 7cm ×長 5cm

圓繩（粗 0.3cm）：30cm

25 號刺繡線（42／米白色，43／淺咖啡色）

製作方法

1 袋身與底布縫合

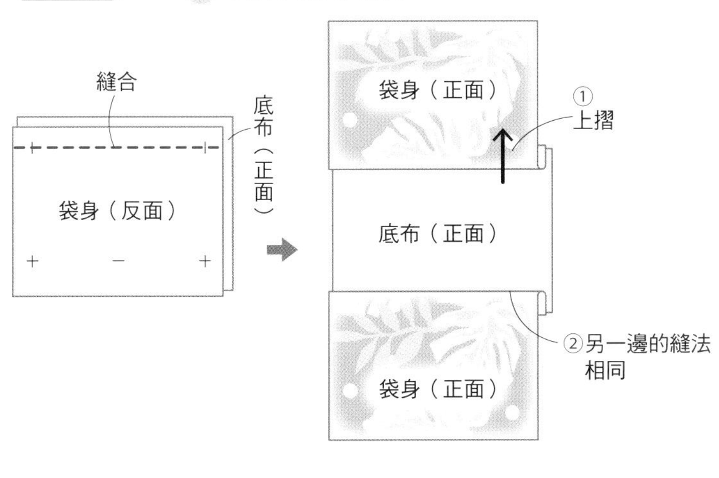
縫合
底布（正面）
袋身（反面）
袋身（正面）
①上摺
底布（正面）
②另一邊的縫法相同
袋身（正面）

2 側邊縫合，縫出底寬

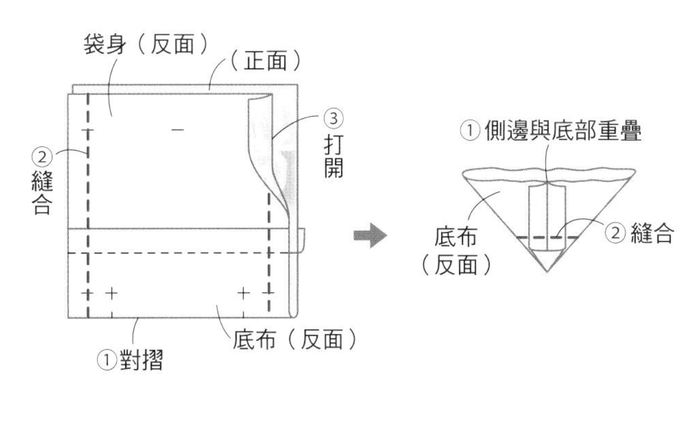
袋身（反面）
（正面）
②縫合
③打開
①對摺
底布（反面）
①側邊與底部重疊
底布（反面）
②縫合

3 袋口下摺

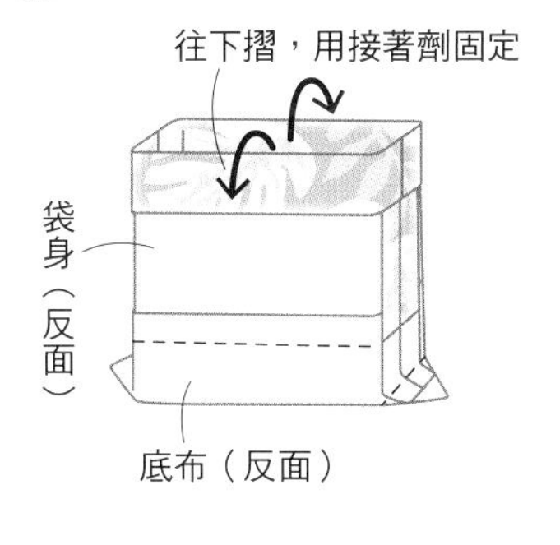
往下摺，用接著劑固定
袋身（反面）
底布（反面）

4 鑽出穿繩孔，穿過穿繩

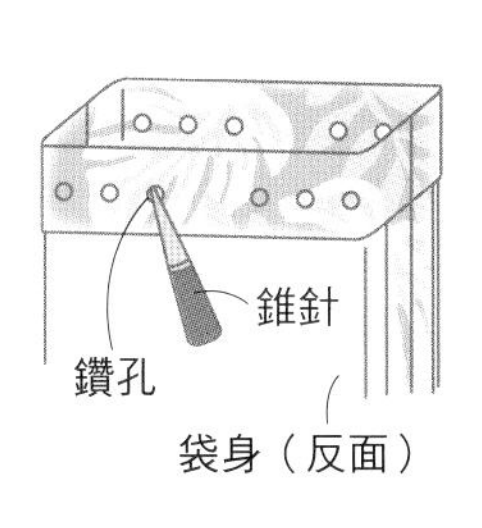
錐針
鑽孔
袋身（反面）

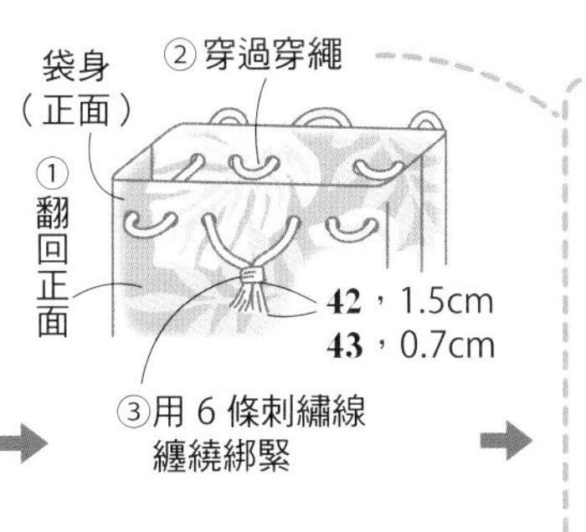
袋身（正面）
②穿過穿繩
①翻回正面
42，1.5cm
43，0.7cm
③用 6 條刺繡線纏繞綁緊

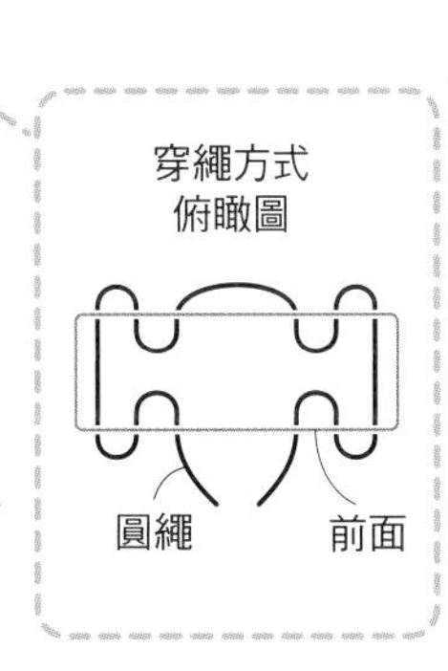
穿繩方式俯瞰圖
圓繩
前面

完成

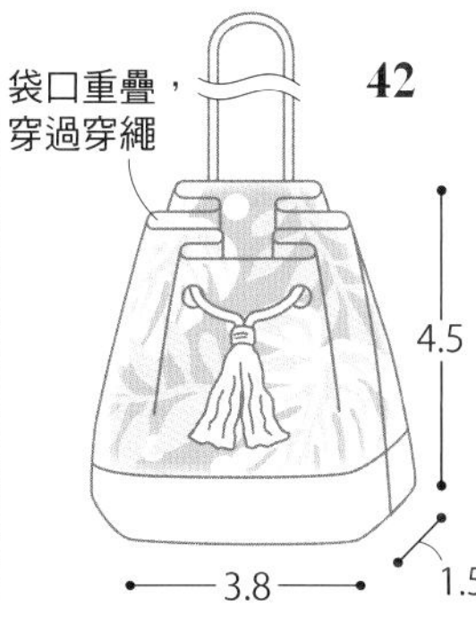
袋口重疊，穿過穿繩
42
4.5
3.8
1.5

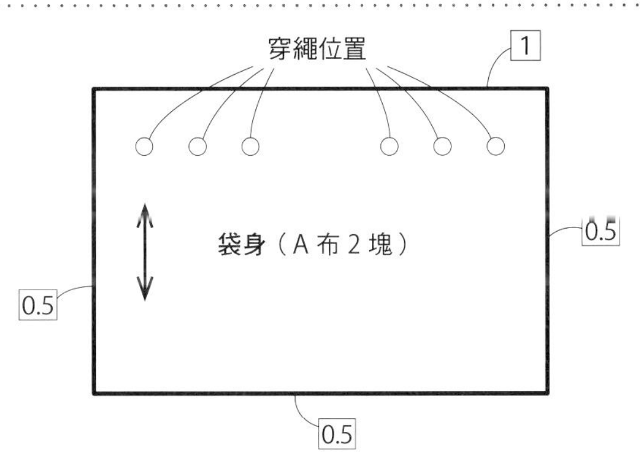
穿繩位置
1
袋身（A 布 2 塊）
0.5
0.5
0.5

實際尺寸紙型 ※預留□數值的縫份

0.5

底布（B 布 1 塊）

底寬

底寬

摺雙線、底部

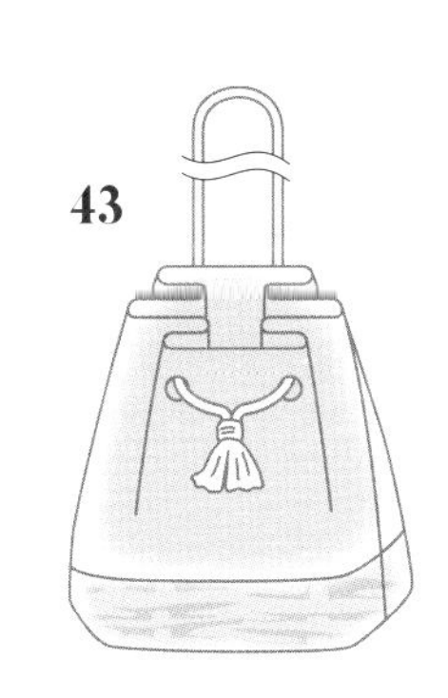
43

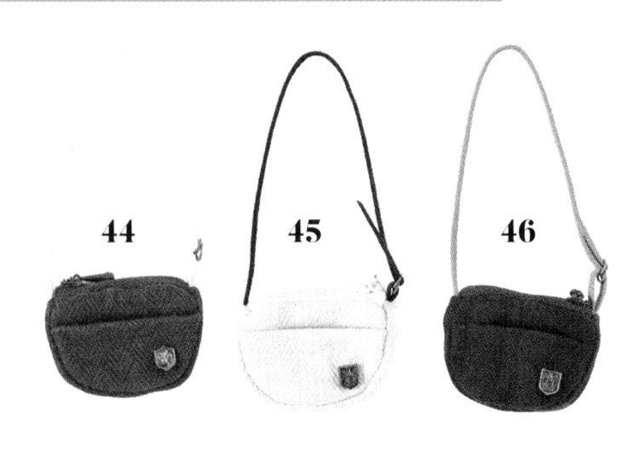

44
45
46

材料（一件份）

A 布（棉布，**44**、**45**／人字形織紋，**46**／格紋）：寬 10cm ×長 15cm
B 布（素色棉布）：寬 10cm ×長 20cm
迷你拉鍊（4cm）：1 條
皮繩（0.3cm 寬）：17.5cm 一條，3.5cm 一條
圓型環（0.3cm）：2 個
鈕扣（0.5cm × 0.7cm）：1 顆

製作方法 ※各布片邊緣都塗上防綻液

1 縫製口袋

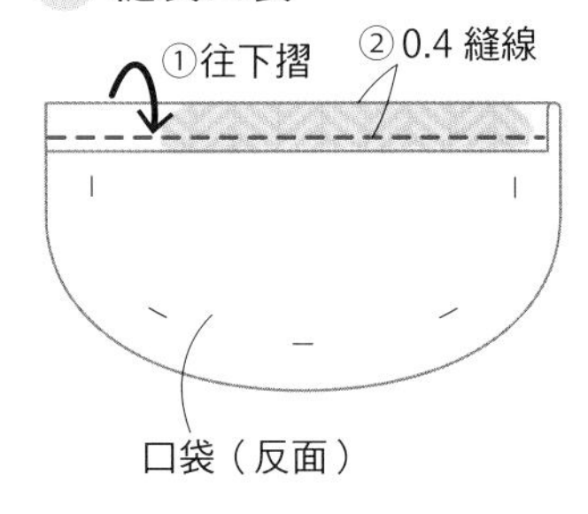

①往下摺
②0.4 縫線
口袋（反面）

2 袋身縫上口袋

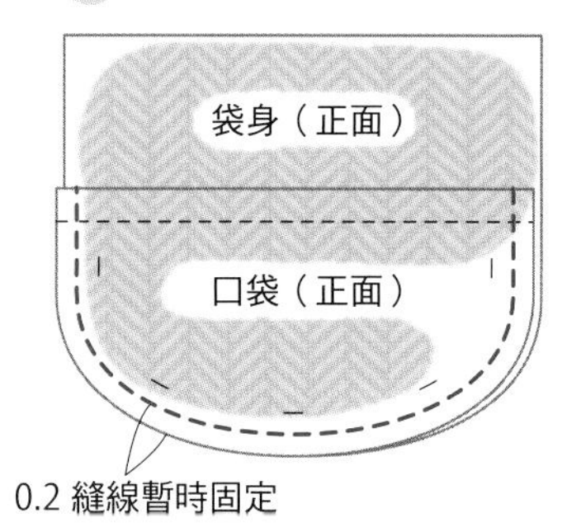

袋身（正面）
口袋（正面）
0.2 縫線暫時固定

3 縫合拉鍊兩側

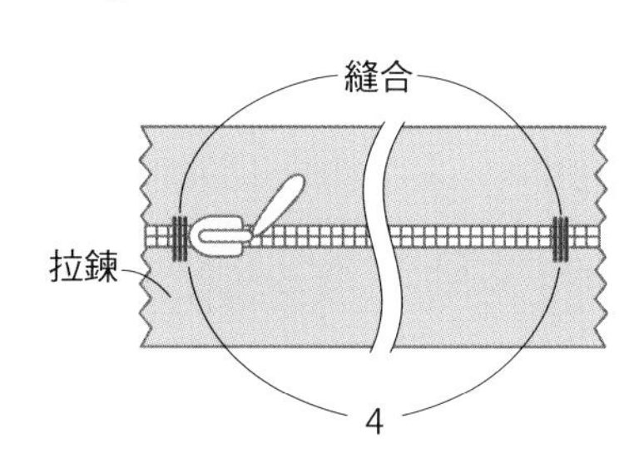

縫合
拉鍊
4

※如果沒有迷你拉鍊，可用隱形拉鍊代替。

4 袋身底寬縫上皮繩

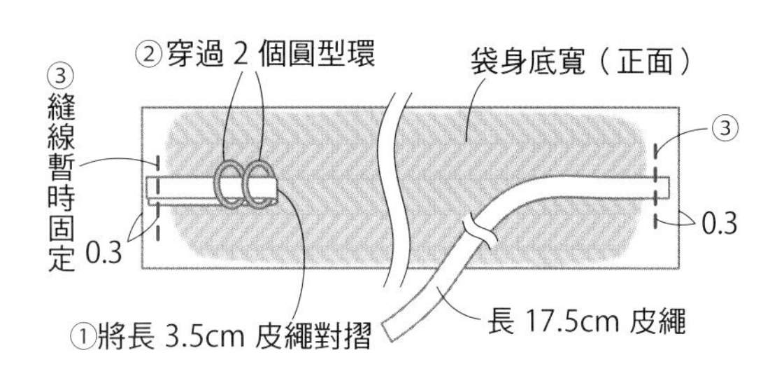

②穿過 2 個圓型環
袋身底寬（正面）
③縫線暫時固定 0.3
③
0.3
①將長 3.5cm 皮繩對摺
長 17.5cm 皮繩

5 袋身底寬與拉鍊縫合

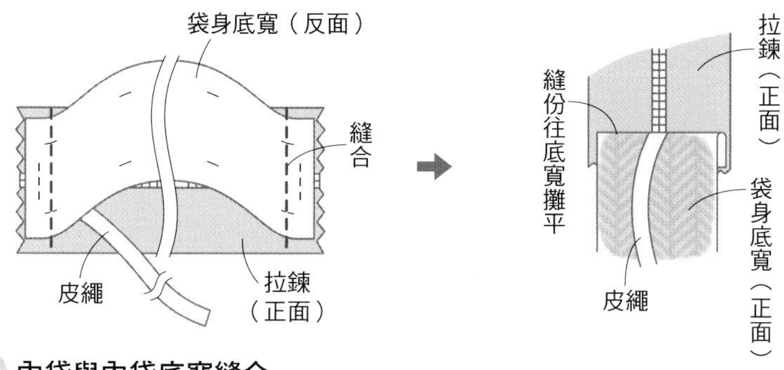

袋身底寬（反面）
縫合
皮繩
拉鍊（正面）
縫份往底寬攤平
拉鍊（正面）
袋身底寬（正面）
皮繩

6 袋身與袋身底寬縫合

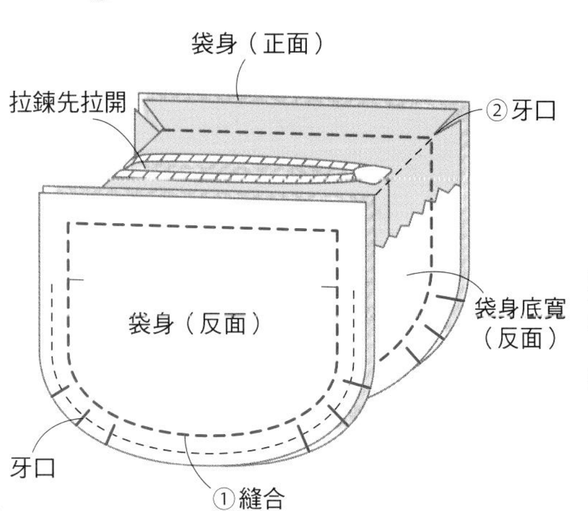

袋身（正面）
拉鍊先拉開
②牙口
袋身（反面）
袋身底寬（反面）
牙口
①縫合

7 內袋與內袋底寬縫合

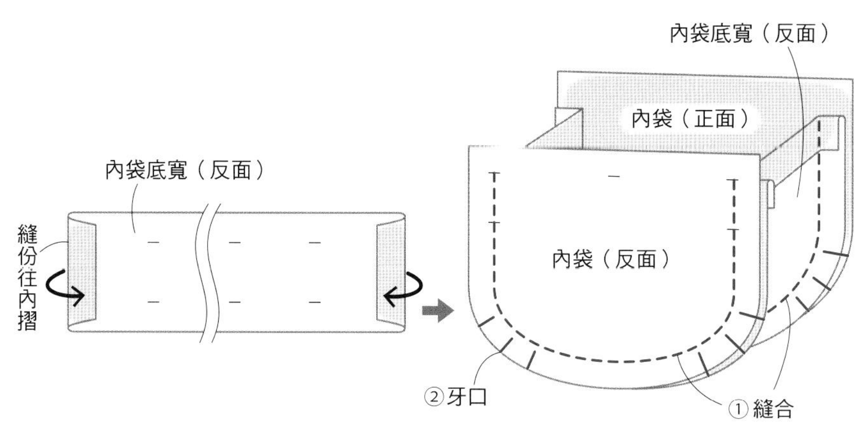

內袋底寬（反面）
縫份往內摺
內袋底寬（反面）
內袋（正面）
內袋（反面）
②牙口
①縫合

8 袋身放入內袋縫合

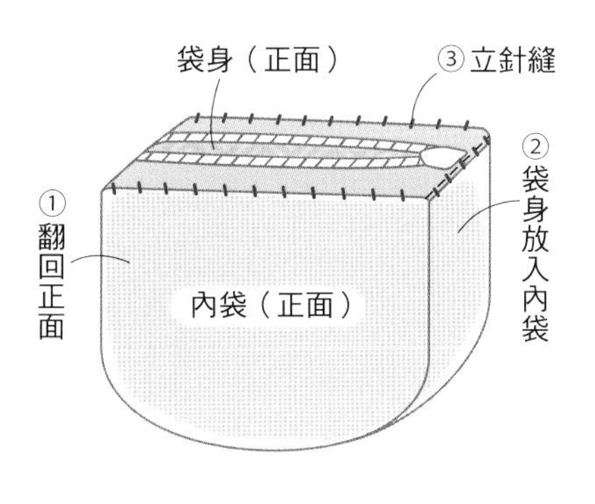
袋身（正面）
③立針縫
①翻回正面
②袋身放入內袋
內袋（正面）

9 翻回正面，皮繩穿過圓型環

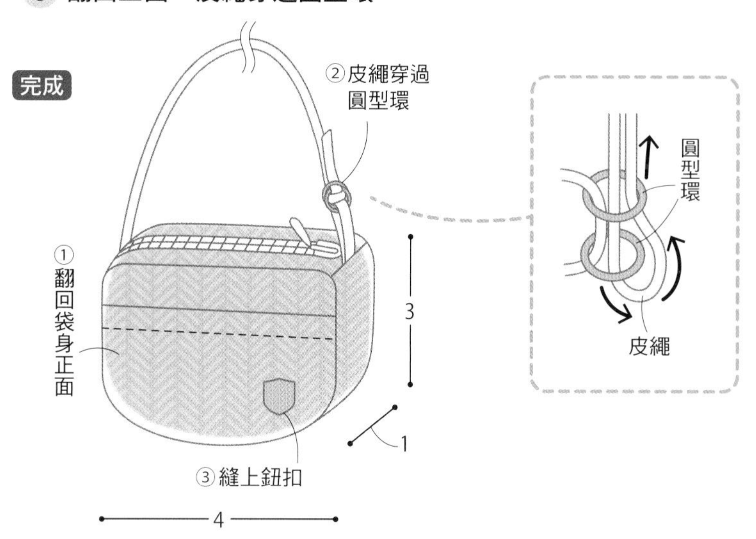
完成
②皮繩穿過圓型環
①翻回袋身正面
③縫上鈕扣
3
1
4
圓型環
皮繩

實際尺寸紙型

※預留 0.5cm 縫份

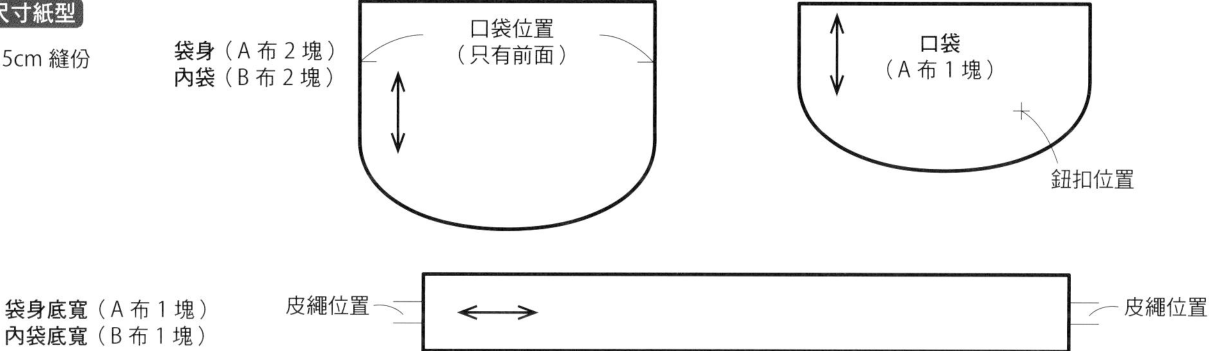
袋身（A 布 2 塊）
內袋（B 布 2 塊）
口袋位置
（只有前面）
口袋
（A 布 1 塊）
鈕扣位置
袋身底寬（A 布 1 塊）
內袋底寬（B 布 1 塊）
皮繩位置
皮繩位置

第 19 頁，47～49 實際尺寸紙型

※袋口布標以外，都預留 0.5cm 縫份

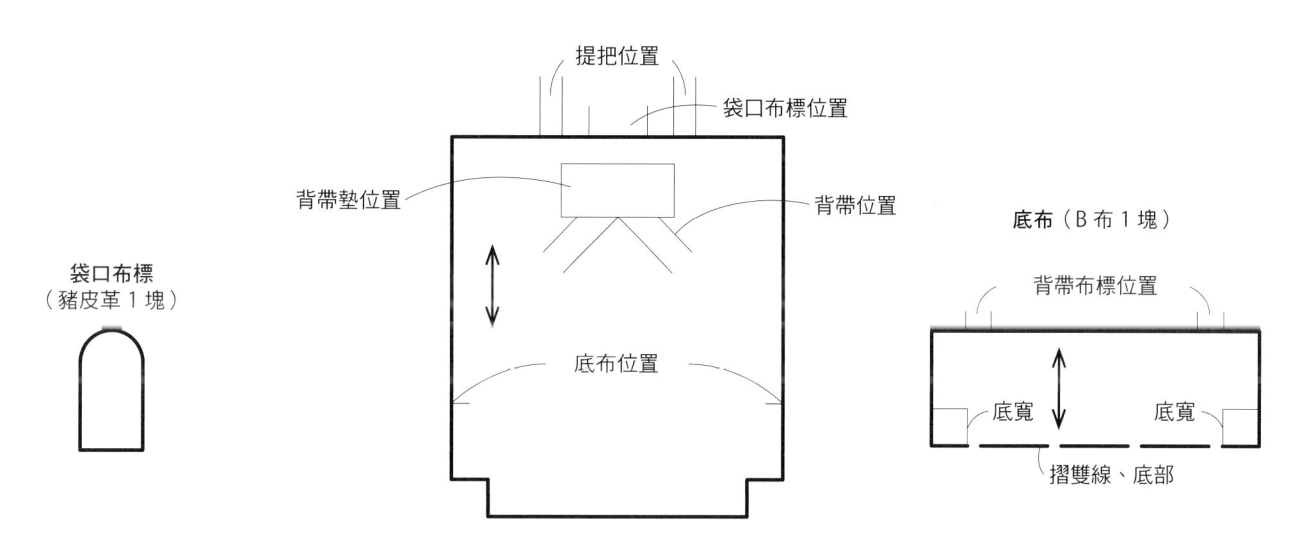
袋身（A 布 2 塊）
內袋（C 布 2 塊）
提把位置
袋口布標位置
背帶墊位置
背帶位置
底布位置
袋口布標
（豬皮革 1 塊）
底布（B 布 1 塊）
背帶布標位置
底寬
底寬
摺雙線、底部

實際尺寸紙型第 49 頁

48
47
49

製圖 ※全部是豬皮革，沒有預留縫份

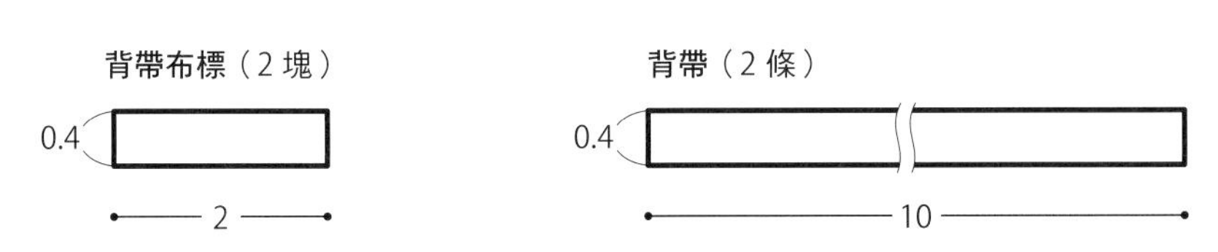
提把（2 條）
0.3
4
背帶墊
（1 塊）
0.7
1
背帶布標（2 塊）
0.4
2
背帶（2 條）
0.4
10

材料（一件份）

A 布（印花棉布）：寬 15cm ×長 10cm

B 布（4 盎司丹寧布）：寬 7cm ×長 5cm

C 布（素色棉布）：寬 15cm ×長 10cm

豬皮革（厚 1mm）：15cm × 5cm

圓型環（0.5cm）：4 個

手作用棉花：酌量

製作方法

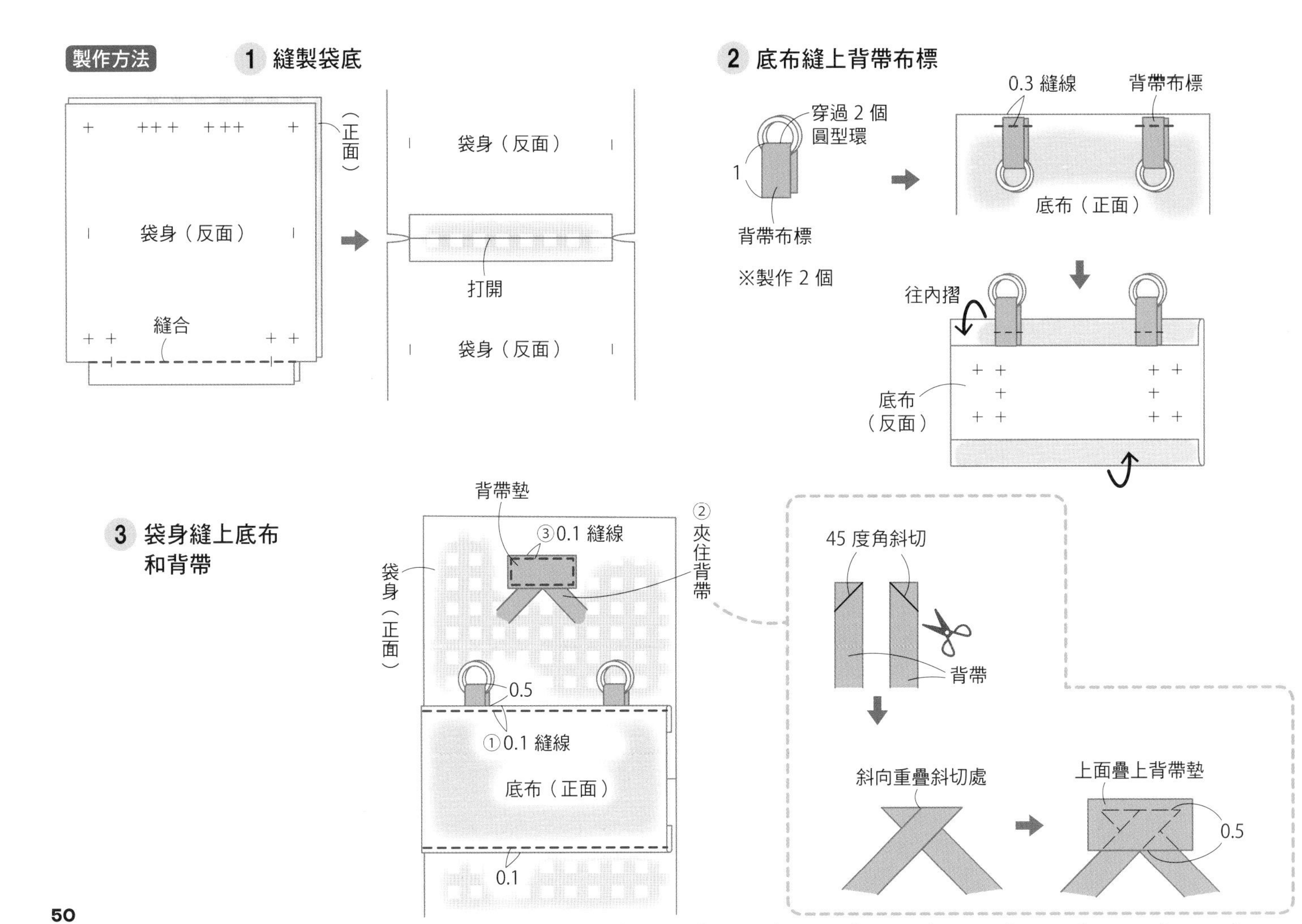
1 縫製袋底
（正面）
袋身（反面）
縫合
袋身（反面）
打開
袋身（反面）
2 底布縫上背帶布標
穿過 2 個
圓型環
1
背帶布標
※製作 2 個
0.3 縫線
背帶布標
底布（正面）
往內摺
底布
（反面）
3 袋身縫上底布
和背帶
背帶墊
③0.1 縫線
②夾住背帶
袋身（正面）
0.5
①0.1 縫線
底布（正面）
0.1
45 度角斜切
背帶
斜向重疊斜切處
上面疊上背帶墊
0.5

4 縫上提把

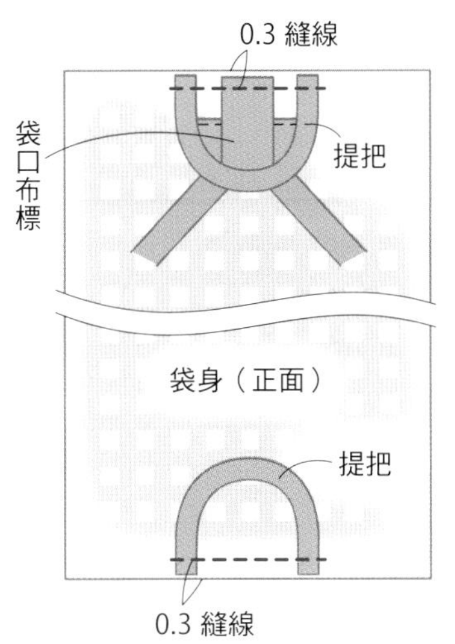

0.3 縫線
袋口布標
提把
袋身（正面）
提把
0.3 縫線

5 縫製內袋

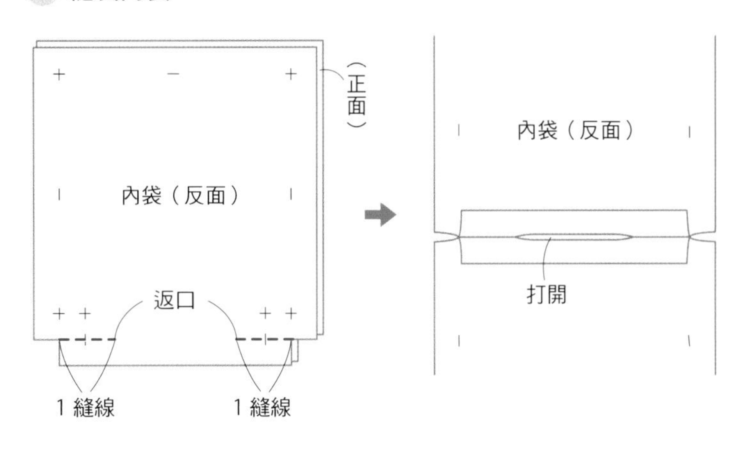

（正面）
內袋（反面）
返口
1 縫線
1 縫線
內袋（反面）
打開

6 袋身與內袋對齊，縫製袋口

②打開
袋身（正面）
內袋（反面）
返口
①縫合

7 底部對摺，側邊縫合，縫出底寬

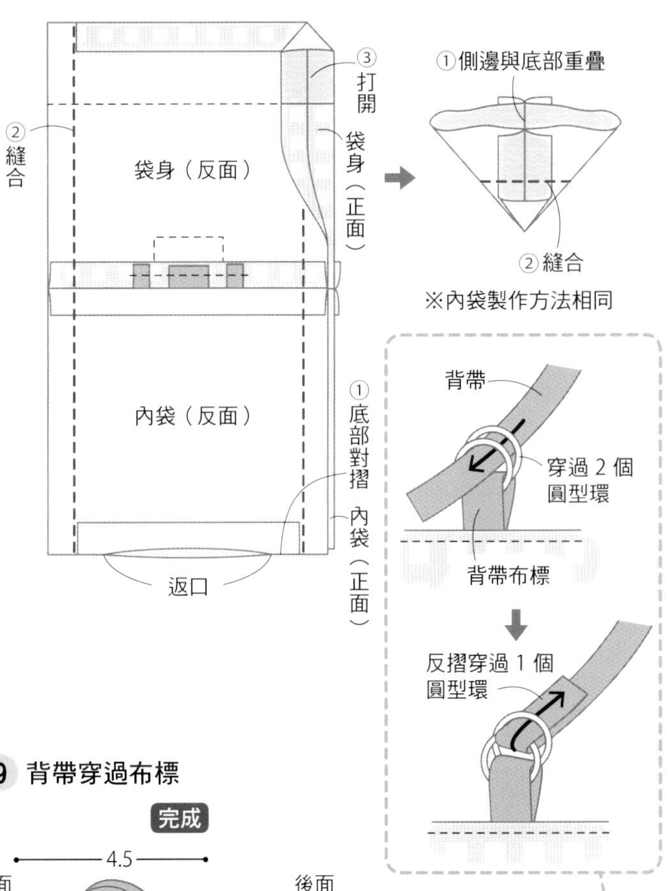

③打開
②縫合
袋身（反面）
袋身（正面）
內袋（反面）
①底部對摺
內袋（正面）
返口
①側邊與底部重疊
②縫合
※內袋製作方法相同
背帶
穿過 2 個圓型環
背帶布標
反摺穿過 1 個圓型環

8 翻回正面，縫合返口

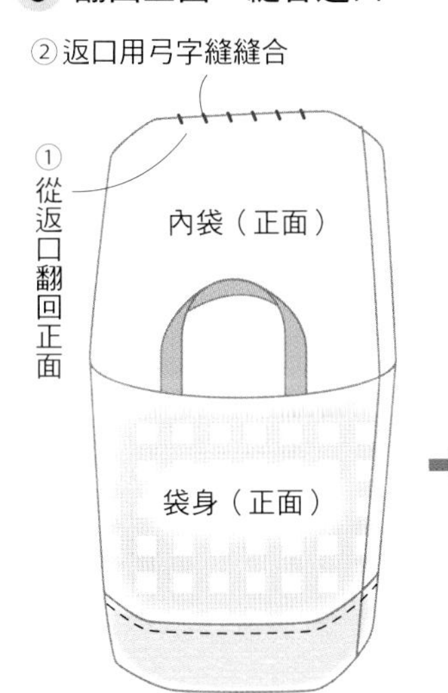

②返口用弓字縫縫合
①從返口翻回正面
內袋（正面）
袋身（正面）

9 背帶穿過布標

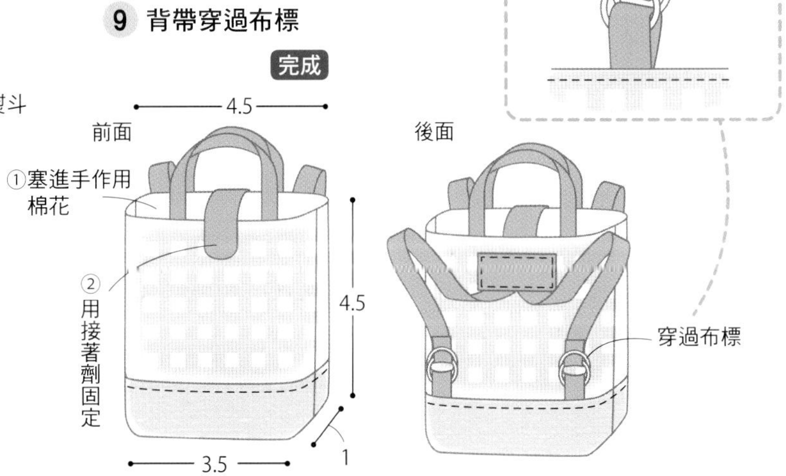

②袋口用熨斗燙平
①放入內袋
袋身（正面）
完成
4.5
前面
後面
①塞進手作用棉花
②用接著劑固定
4.5
3.5
1
穿過布標

第 21 頁 54・55

54
55

材料（一件份）

羊毛氈 A（**54**／白色，**55**／淺灰色）：寬 10cm ×長 15cm
羊毛氈 B（淡粉紅色）：寬 1cm ×長 2cm
25 號刺繡線（**54**／淺灰色、淡粉紅色，**55**／黑色、淡粉紅色）
圓型環（0.4cm）：2 個
鏈帶：18cm

製作方法

1 繡出兔臉

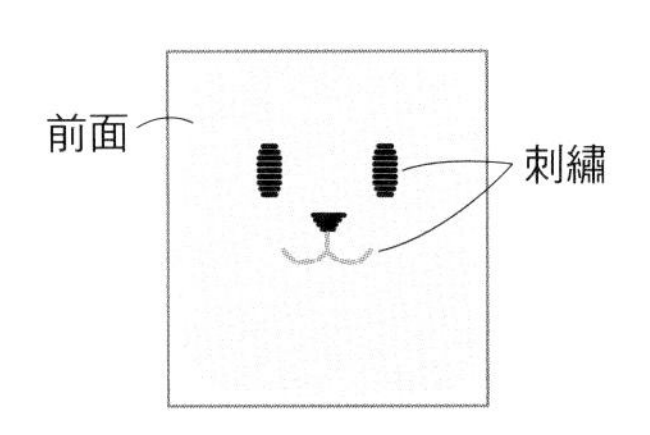

前面
刺繡

※繡線縫法請參照第 64 頁

2 製作兔耳

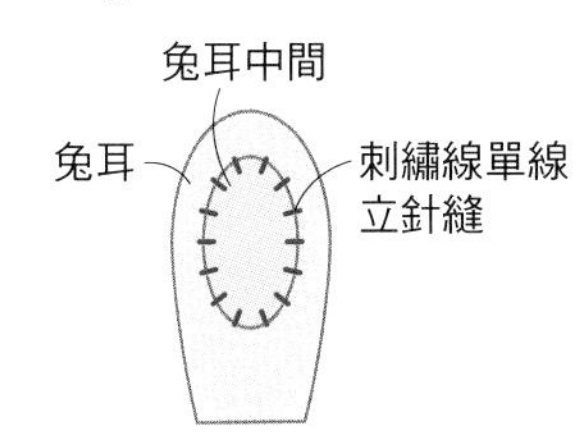

兔耳中間
兔耳
刺繡線單線
立針縫

3 縫上兔耳

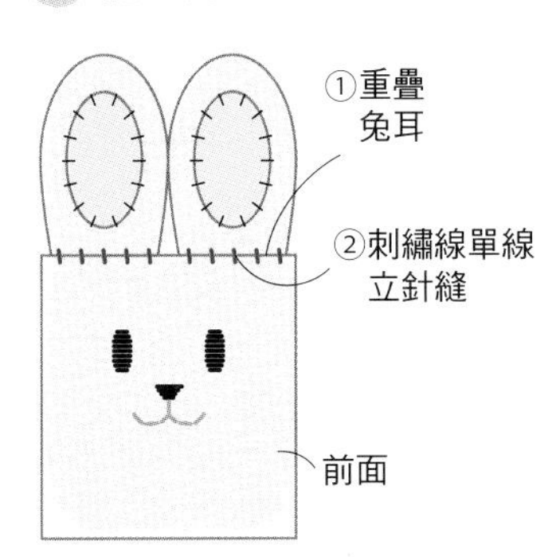

①重疊
兔耳
②刺繡線單線
立針縫
前面

4 與後面重疊縫合

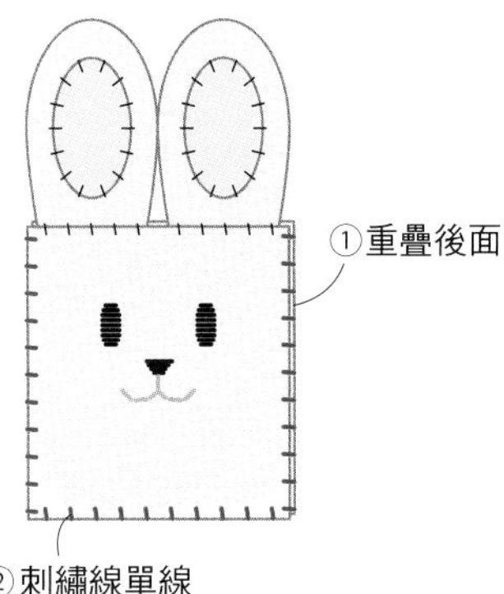

①重疊後面
②刺繡線單線
毛邊繡

5 後面加上圓型環和鏈帶

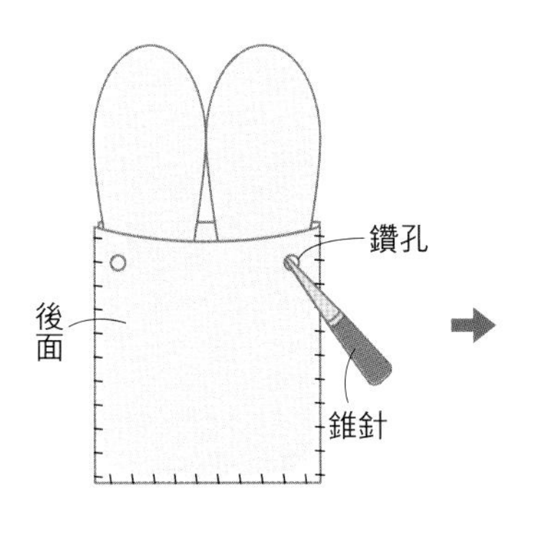

鑽孔
後面
錐針

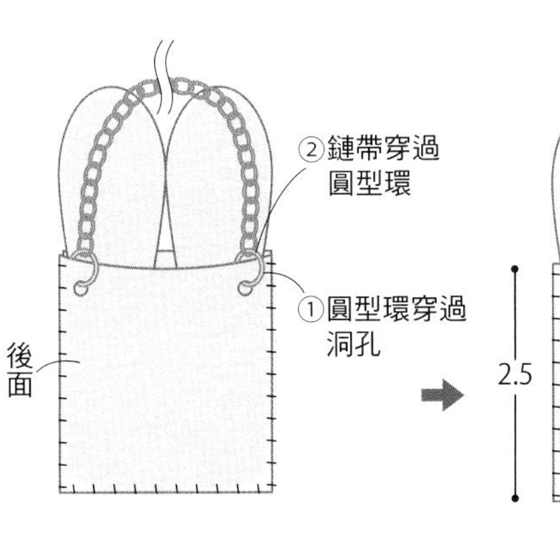

②鏈帶穿過
圓型環
①圓型環穿過
洞孔
後面
2.5

完成

4.3

2.3

實際尺寸紙型

※全部為裁切線

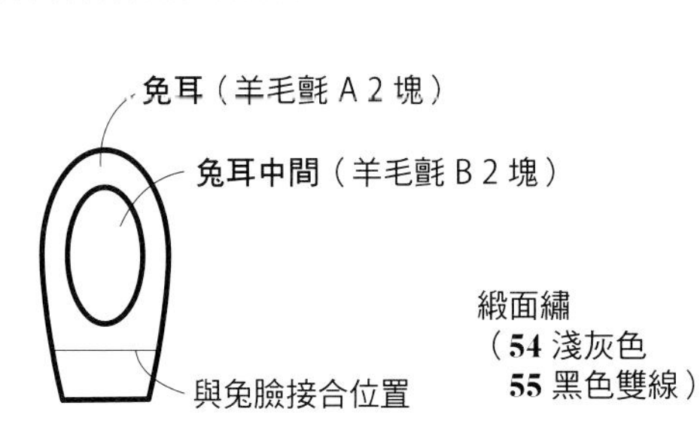

兔耳（羊毛氈 A 2 塊）
兔耳中間（羊毛氈 B 2 塊）
與兔臉接合位置
緞面繡
（54 淺灰色
55 黑色雙線）

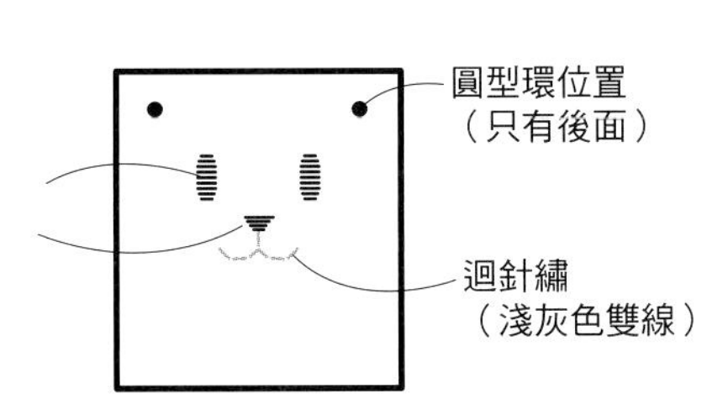

前面（羊毛氈 A 1 塊）
後面（羊毛氈 A 1 塊）
圓型環位置
（只有後面）
迴針繡
（淺灰色雙線）

第 25 頁 58～61

58 59 60 61

實際尺寸紙型第 61 頁

59、60 材料（一件份）

A 布（PVC，厚 0.3mm）：
寬 5cm × 長 10cm

58、61 材料（一件份）

A 布（PVC，厚 0.3mm）：寬 5cm × 長 10cm
B 布（棉布，**58**／格紋，**61**／條紋）：寬 5cm × 長 10cm
5 號刺繡線（米白色）：酌量

製圖

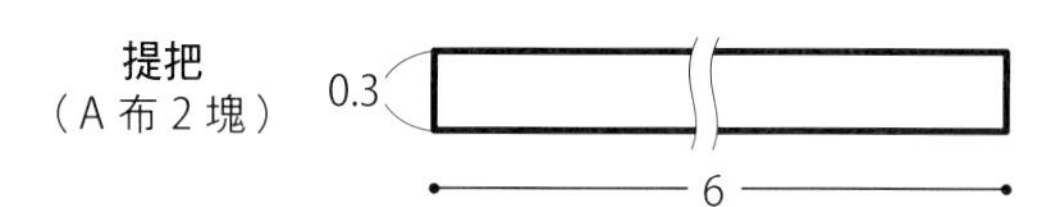
提把
（A 布 2 塊）
0.3
6

59、60 製作方法 ※裁切 PVC 時，用刀片像劃線一樣多裁切幾次

1 縫上提把

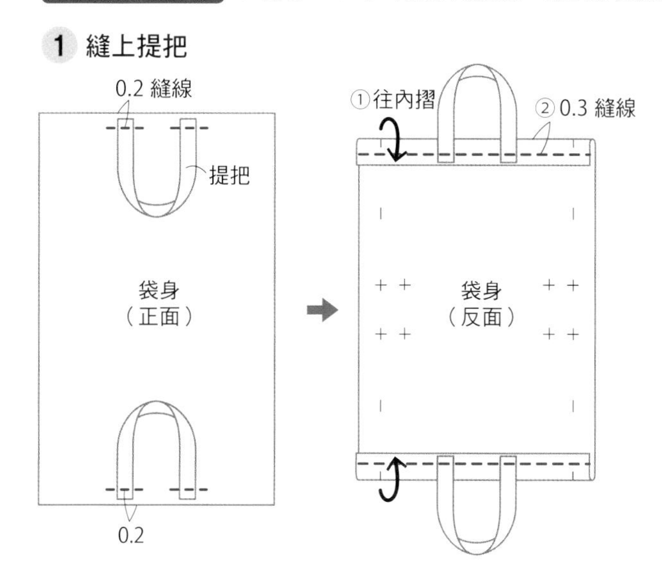
0.2 縫線
提把
袋身
（正面）
0.2
①往內摺
②0.3 縫線
袋身
（反面）

2 側邊縫合，縫出底寬

3 翻回正面

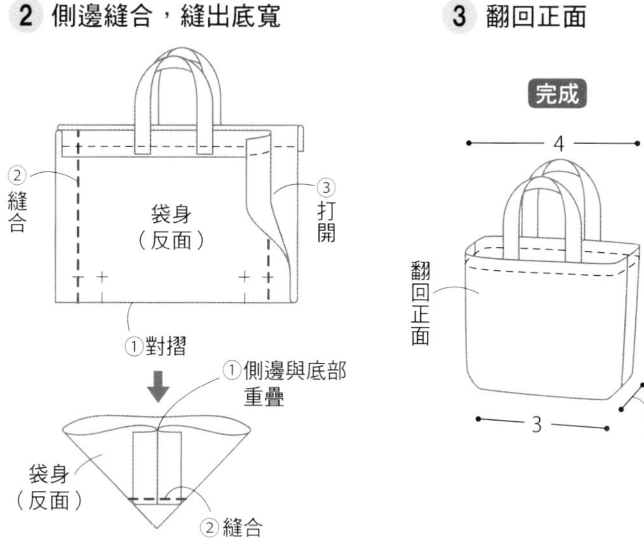
②縫合
③打開
袋身
（反面）
①對摺
①側邊與底部重疊
袋身
（反面）
②縫合
完成
4
翻回正面
3
3
1

58、61 製作方法
包包製作方法與 **59**、**60** 相同

1 摺線記號

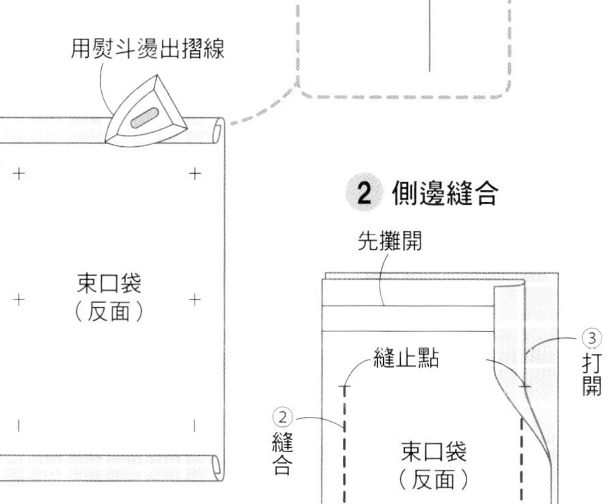
0.5
三摺邊
用熨斗燙出摺線
束口袋
（反面）
2 側邊縫合
先攤開
縫止點
③打開
②縫合
束口袋
（反面）
①對摺

3 縫製穿繩孔

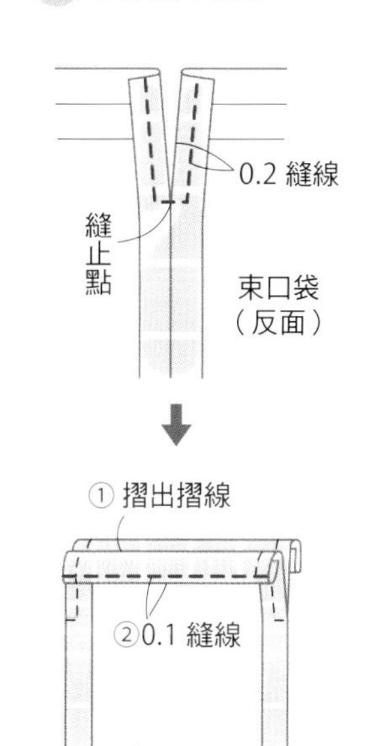
0.2 縫線
縫止點
束口袋
（反面）
①摺出摺線
②0.1 縫線
束口袋（反面）

4 穿過刺繡線

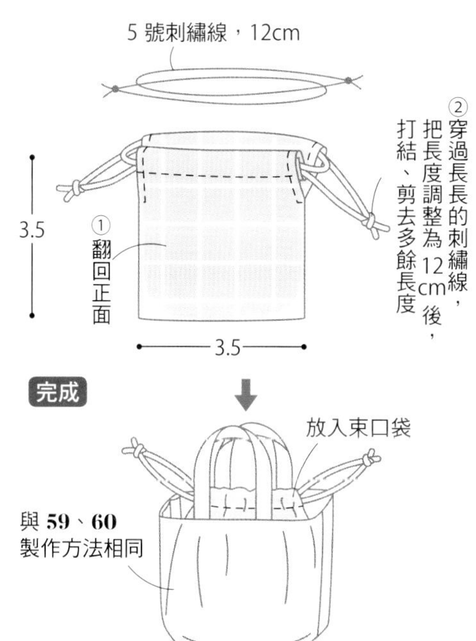
5 號刺繡線，12cm
②穿過長長的刺繡線，把長度調整為 12cm 後，打結、剪去多餘長度
3.5
①翻回正面
3.5
完成
放入束口袋
與 59、60 製作方法相同

56 57

材料（一件份）

A布（印花棉布）：寬15cm×長15cm
B布（素色棉布）：寬20cm×長15cm
皮革織帶（0.4cm寬）：55cm
圓型環（0.6cm）：4個
螃蟹扣（0.5cm × 0.8cm）：2個
EFLON拉鍊（20cm）：1條
皮帶扣（0.8cm × 0.6cm）：1個

製作方法

1 袋身縫上口袋a和提把

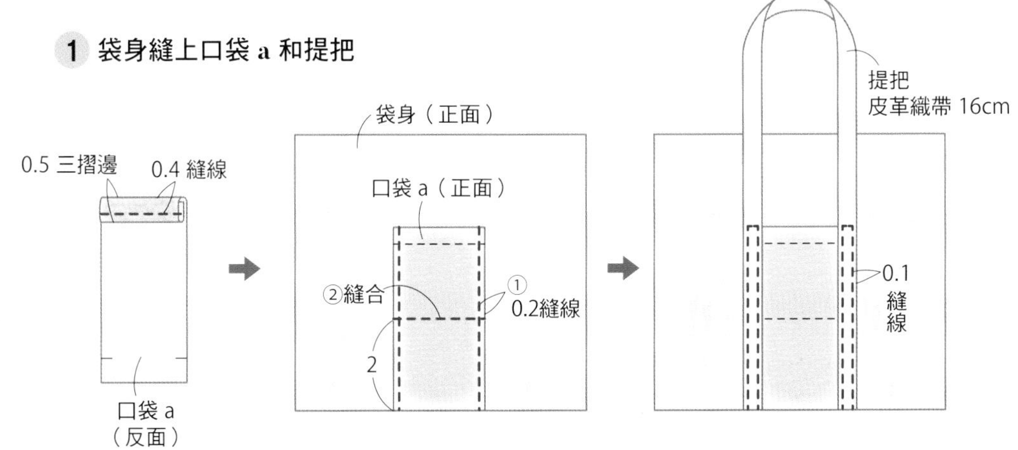
0.5 三摺邊
0.4 縫線
口袋a
（反面）
袋身（正面）
口袋a（正面）
②縫合
①
0.2縫線
2
提把
皮革織帶16cm
0.1
縫線

2 側邊縫上口袋b和布標

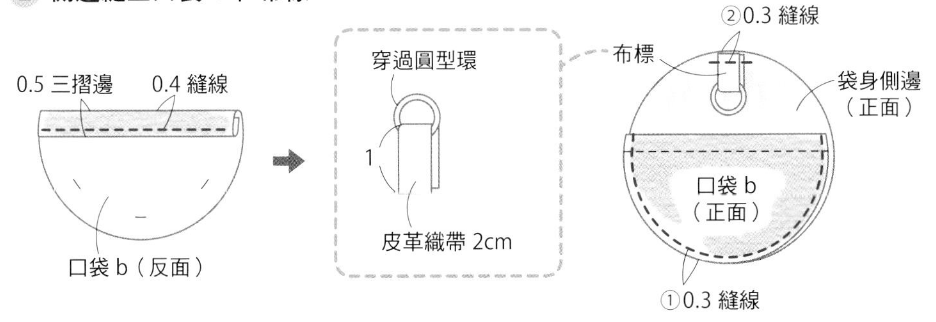
0.5 三摺邊
0.4 縫線
口袋b（反面）
穿過圓型環
1
皮革織帶2cm
布標
②0.3 縫線
袋身側邊
（正面）
口袋b
（正面）
①0.3 縫線

3 縫上拉鍊

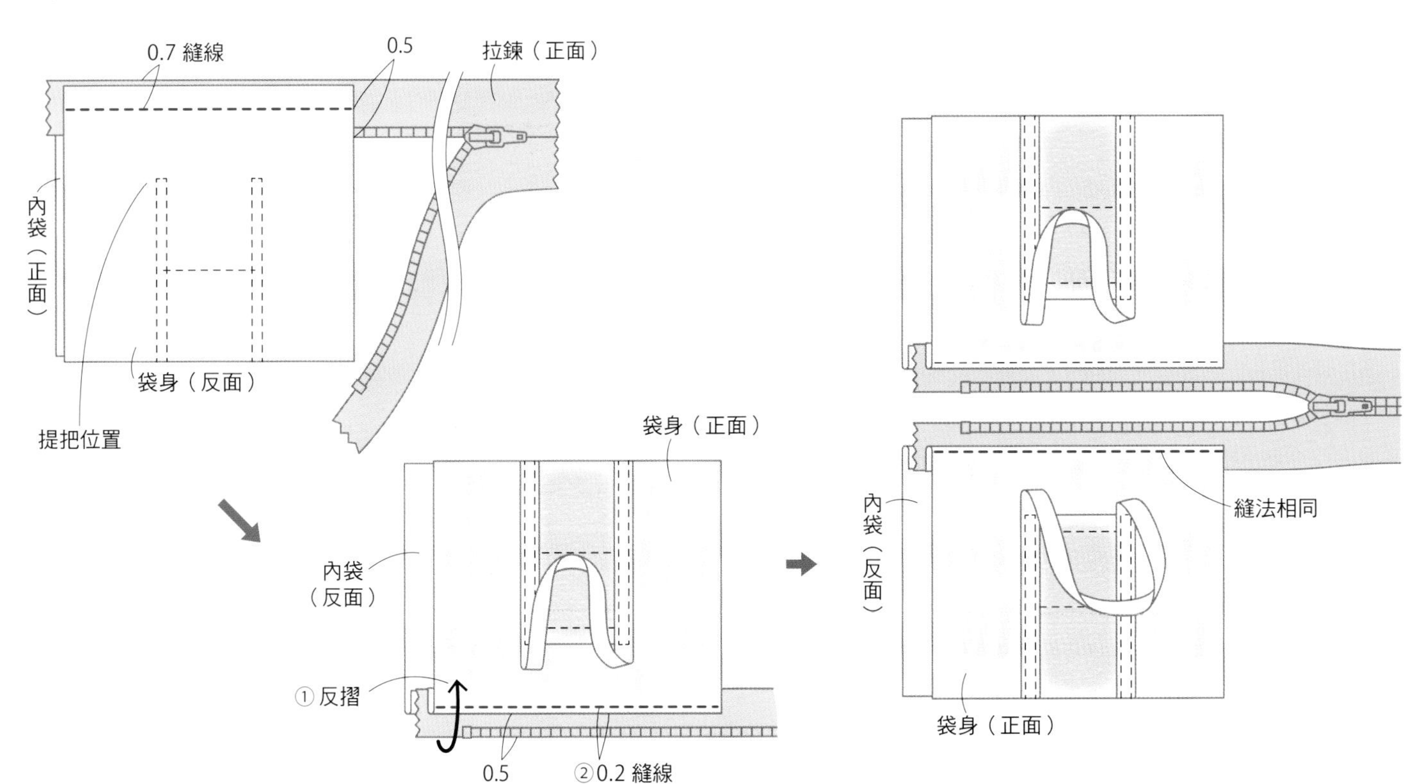
0.7 縫線
0.5
拉鍊（正面）
內袋（正面）
袋身（反面）
提把位置
袋身（正面）
內袋
（反面）
①反摺
0.5
②0.2 縫線
內袋（反面）
縫法相同
袋身（正面）

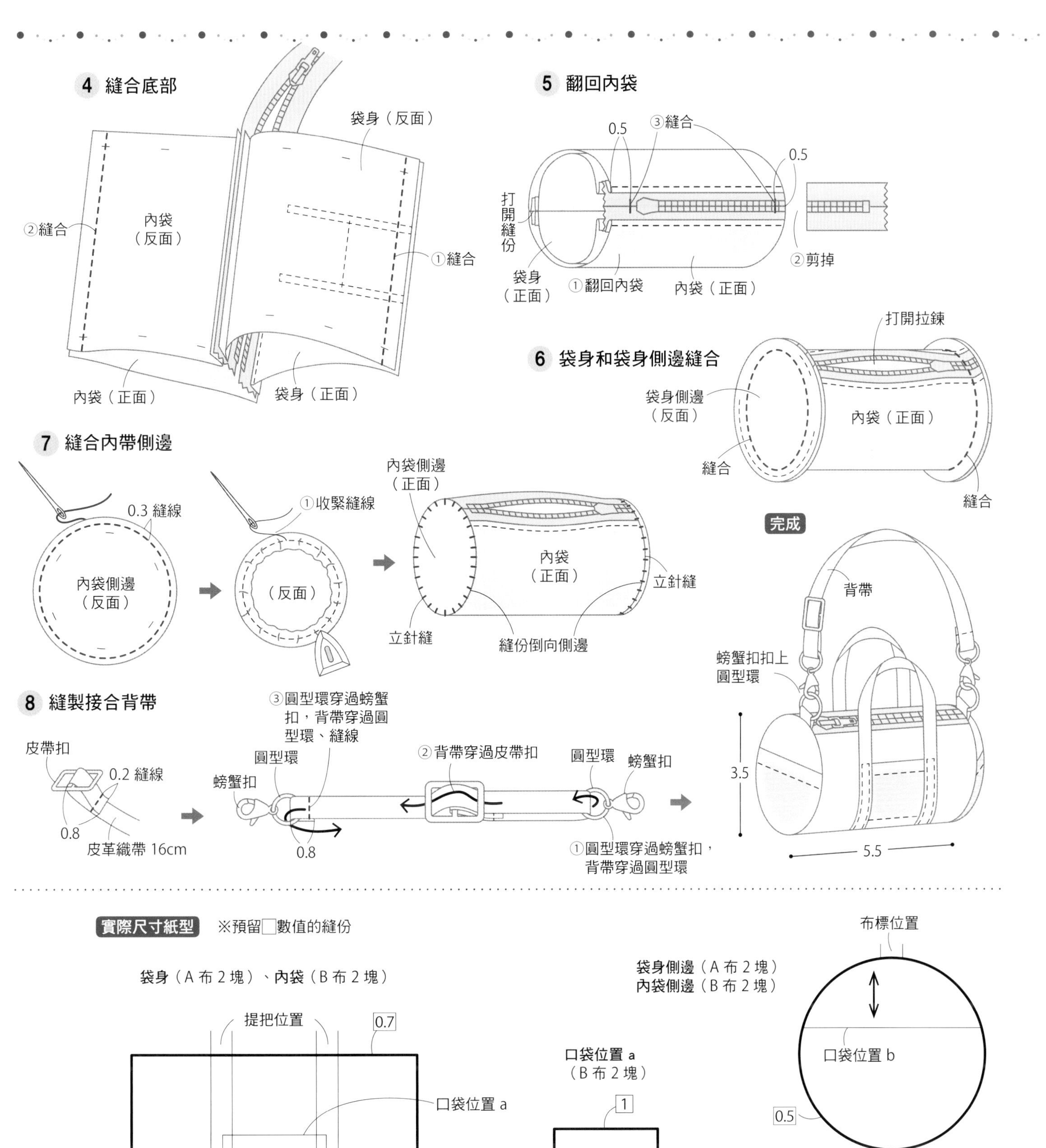

4 縫合底部
袋身（反面）
②縫合
內袋
（反面）
①縫合
內袋（正面）
袋身（正面）
5 翻回內袋
0.5
③縫合
0.5
打開縫份
袋身
（正面）
①翻回內袋
內袋（正面）
②剪掉
打開拉鍊
6 袋身和袋身側邊縫合
袋身側邊
（反面）
內袋（正面）
縫合
縫合
7 縫合內帶側邊
0.3 縫線
內袋側邊
（反面）
①收緊縫線
（反面）
內袋側邊
（正面）
內袋
（正面）
立針縫
立針縫
縫份倒向側邊
完成
背帶
螃蟹扣扣上
圓型環
3.5
5.5
8 縫製接合背帶
皮帶扣
0.2 縫線
0.8
皮革織帶 16cm
③圓型環穿過螃蟹扣，背帶穿過圓型環、縫線
②背帶穿過皮帶扣
圓型環
螃蟹扣
圓型環
螃蟹扣
0.8
①圓型環穿過螃蟹扣，
背帶穿過圓型環

實際尺寸紙型 ※預留□數值的縫份

袋身（A 布 2 塊）、**內袋**（B 布 2 塊）

提把位置
0.7
口袋位置 a
0.5
0.5

口袋位置 a
（B 布 2 塊）

1
0
0
0.5

袋身側邊（A 布 2 塊）
內袋側邊（B 布 2 塊）

布標位置
口袋位置 b
0.5

口袋位置 b（B 布 2 塊）

1
0.5

實際尺寸紙型第 57、62 頁

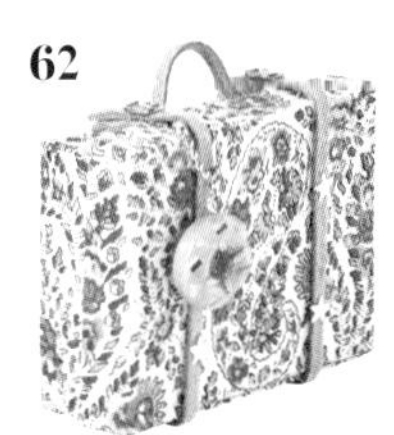
62

63

64

65

材料（一件份）

A 布（印花棉布）：寬 30cm ×長 20cm
B 布（條紋棉布）：寬 15cm ×長 10cm
牛奶盒（1 公升）：1 個
皮繩（0.3cm 寬）：40cm
C 型環（0.8cm × 0.6cm）：2 個
裝飾圓珠：10 顆
橡皮織帶（0.3cm 寬）：7cm
珠鍊（長 3cm）：1 條
吊飾：1 個

製作方法

1 組合本體，貼上布料

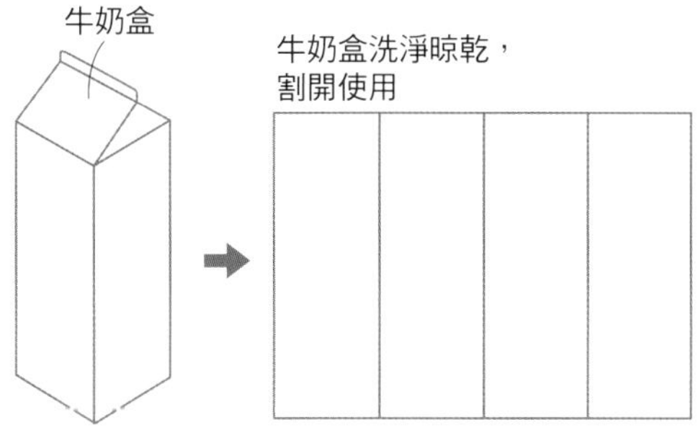
牛奶盒
牛奶盒洗淨晾乾，
割開使用

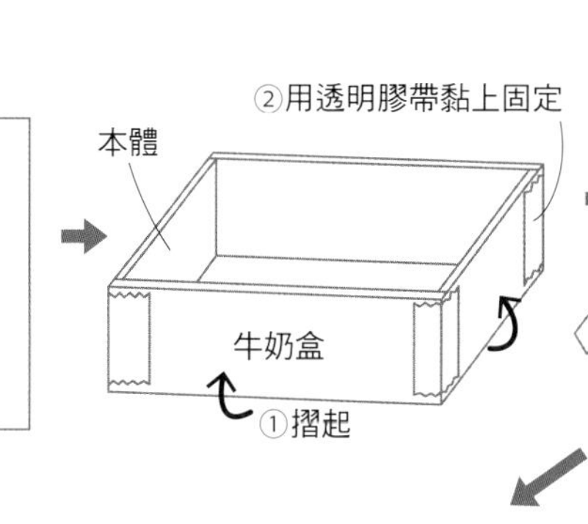
②用透明膠帶黏上固定
本體
牛奶盒
①摺起

④貼在內側
③布邊貼在側邊
牛奶盒
本體（反面）
②用接著劑固定
①往內摺 0.5，用接著劑固定

※接著劑塗在牛奶盒上，再平整貼上布料。

本體（正面）
摺起貼上

2 組合箱蓋，貼上布料

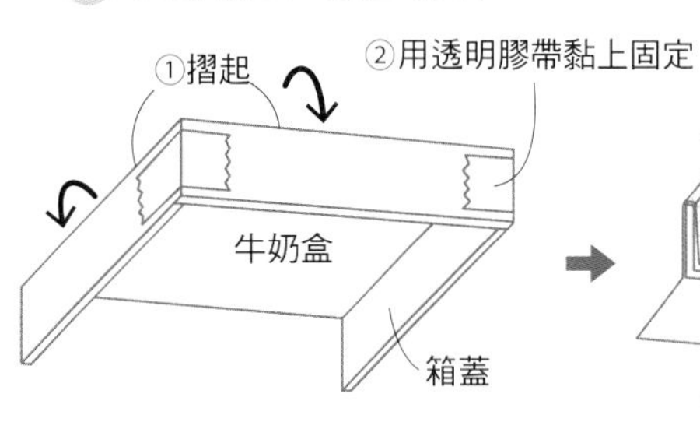
①摺起
②用透明膠帶黏上固定
牛奶盒
箱蓋

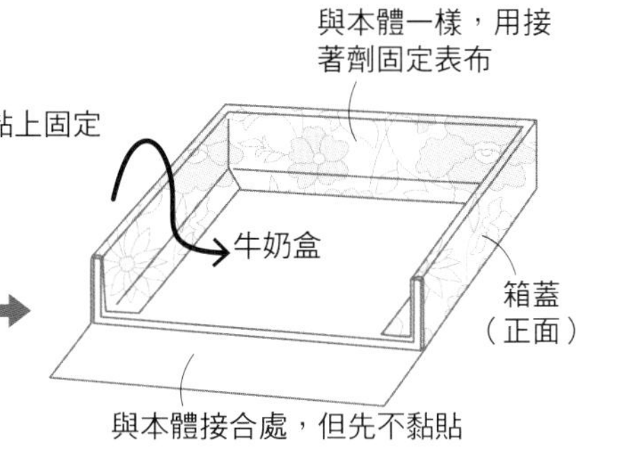
與本體一樣，用接著劑固定表布
牛奶盒
箱蓋（正面）
與本體接合處，但先不黏貼

3 箱底貼上布料，本體和箱蓋貼合

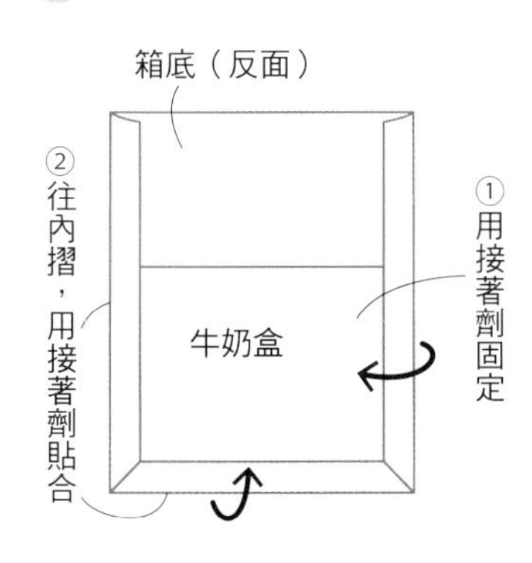
箱底（反面）
②往內摺，用接著劑貼合
①用接著劑固定
牛奶盒

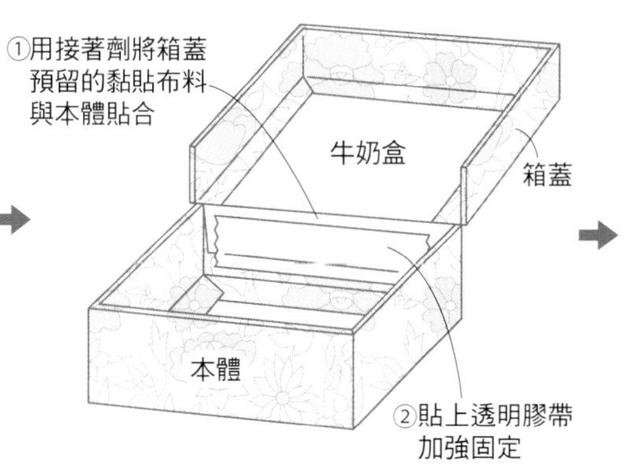
①用接著劑將箱蓋預留的黏貼布料與本體貼合
牛奶盒
箱蓋
本體
②貼上透明膠帶加強固定

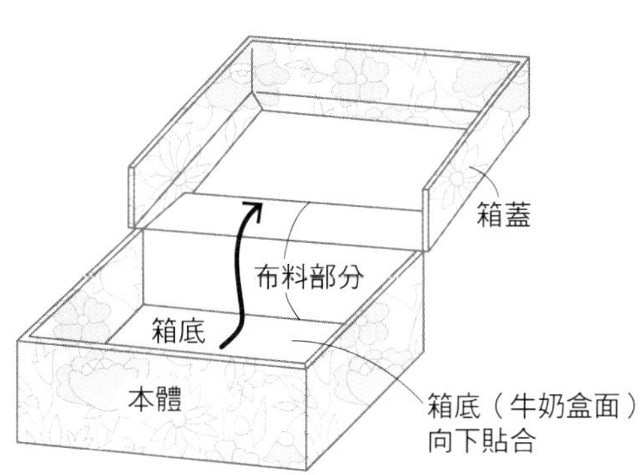
箱蓋
布料部分
箱底
本體
箱底（牛奶盒面）向下貼合

4 縫製口袋

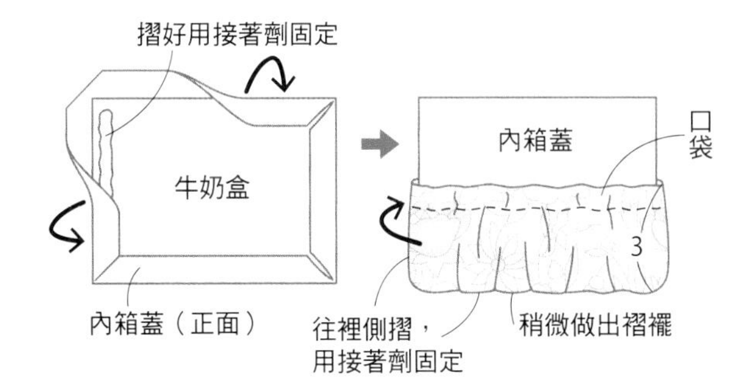

③穿過長 7cm 橡皮織帶
①0.7
三摺邊
②縫線 0.1
口袋（反面）
橡皮織帶縫線固定
0.3
口袋（正面）

5 內箱蓋結合口袋

摺好用接著劑固定
牛奶盒
內箱蓋（正面）
內箱蓋
口袋
3
往裡側摺，
用接著劑固定
稍微做出褶襬

7 內箱蓋與本體貼合

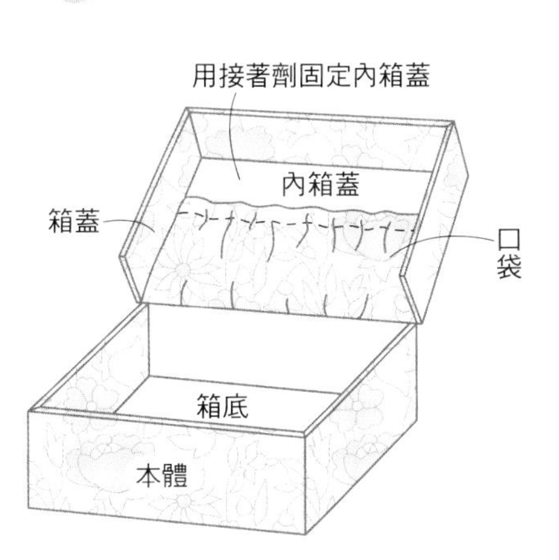

用接著劑固定內箱蓋
內箱蓋
箱蓋
口袋
箱底
本體

8 外箱裝飾

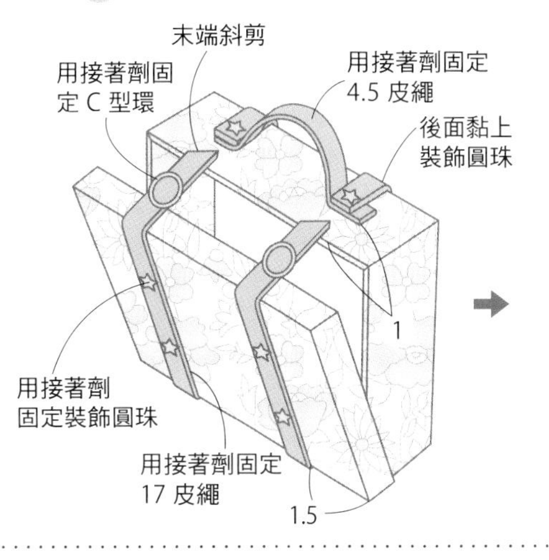

末端斜剪
用接著劑固定 C 型環
用接著劑固定
4.5 皮繩
後面黏上裝飾圓珠
1
用接著劑固定裝飾圓珠
用接著劑固定
17 皮繩
1.5

完成

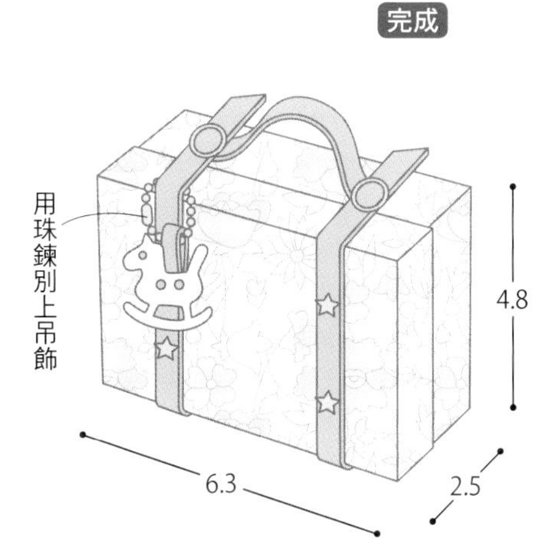

用珠鍊別上吊飾
4.8
6.3
2.5

實際尺寸紙型 ※全部為裁切線　本體和箱底紙型第 62 頁

※用刀背在摺線位置劃出淺淺的摺線

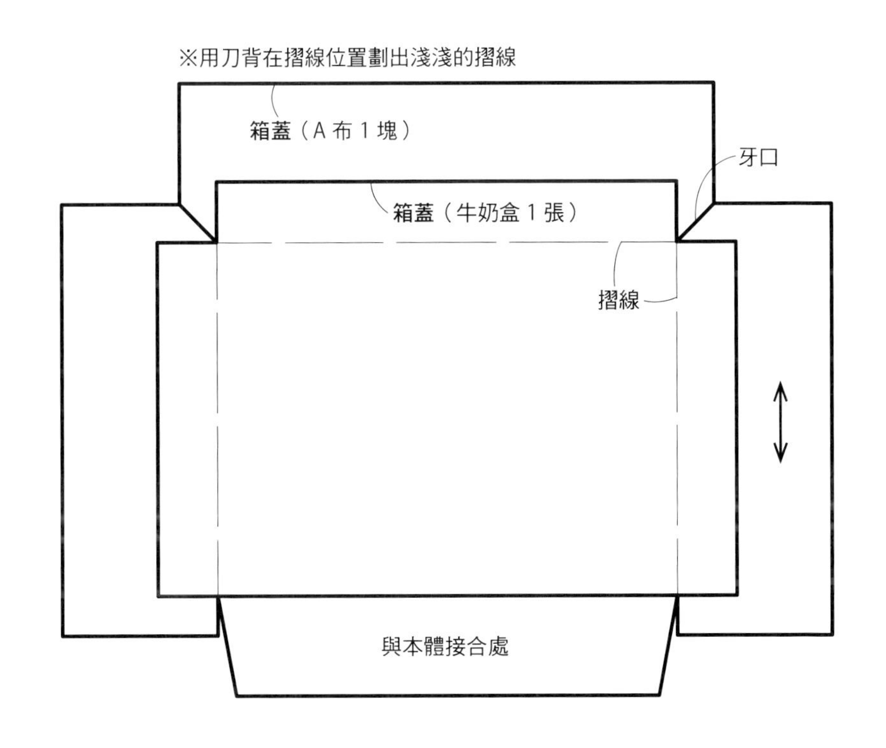

箱蓋（A 布 1 塊）
牙口
箱蓋（牛奶盒 1 張）
摺線
與本體接合處

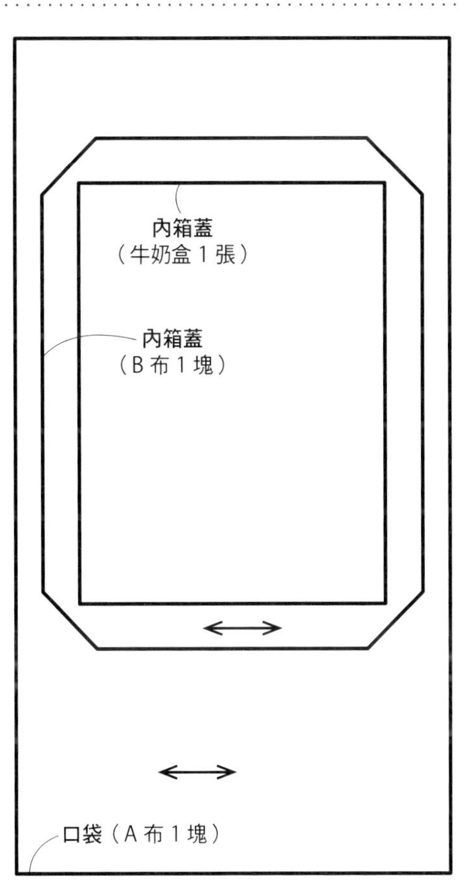

內箱蓋
（牛奶盒 1 張）
內箱蓋
（B 布 1 塊）
口袋（A 布 1 塊）

實際尺寸紙型第 63 頁

66

67

68

69

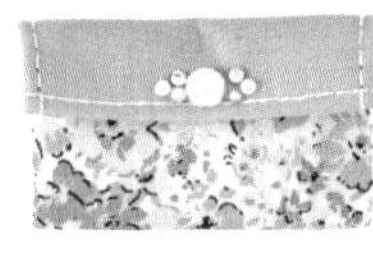

66 材料

A 布（人造皮革）：寬 10cm ×長 10cm

緞帶（1.5cm 寬）：7.5cm

圓型環（0.8cm）：1 個

魔鬼氈：1cm × 1cm

67 材料

A 布（緞面）：寬 10cm ×長 10cm

布襯：寬 10cm ×長 10cm

緞帶（1.5cm 寬）：15cm

按扣（0.5cm）：1 組

68 材料

A 布（人造皮革）：寬 10cm ×長 20cm

魔鬼氈：1cm × 1cm

69 材料

A 布（素色棉布）：寬 10cm ×長 5cm

B 布（印花棉布）：寬 10cm ×長 5cm

布襯：寬 10cm ×長 10cm

按扣（0.5cm）：1 組

美甲貼

66 製作方法

1 縫上緞帶和魔鬼氈

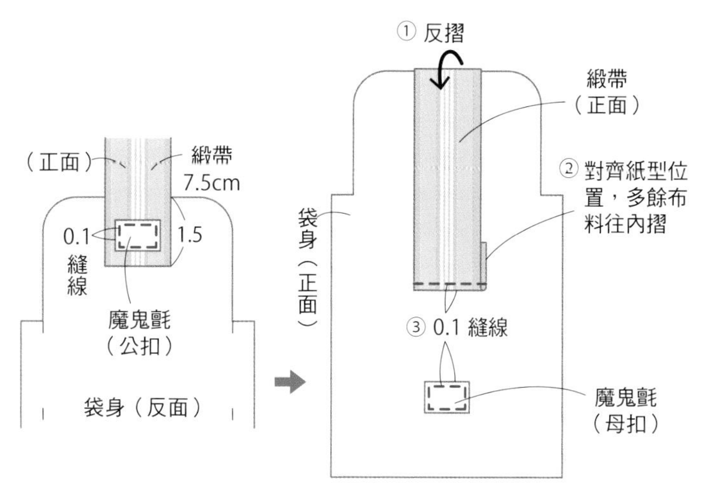

（正面）
緞帶
7.5cm
0.1
縫線
1.5
魔鬼氈
（公扣）
袋身（反面）
① 反摺
緞帶
（正面）
② 對齊紙型位置，多餘布料往內摺
袋身（正面）
③ 0.1 縫線
魔鬼氈
（母扣）

2 側邊縫合

3 翻回正面

完成

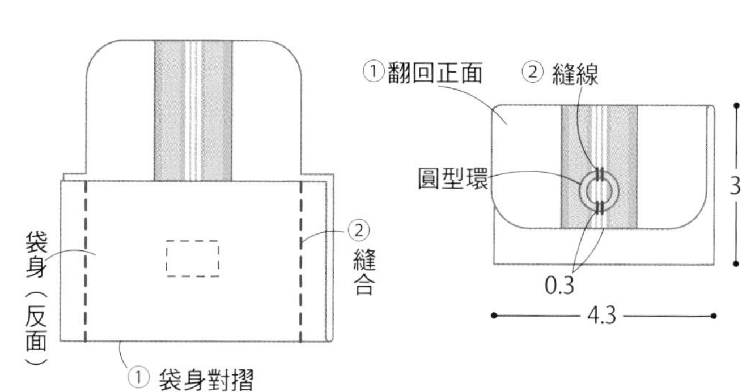

袋身（反面）
② 縫合
① 袋身對摺
①翻回正面
② 縫線
圓型環
3
0.3
4.3

68 製作方法

1 縫上魔鬼氈

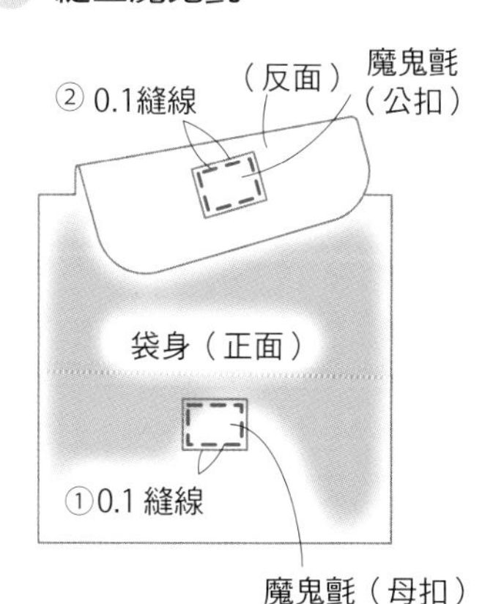

② 0.1縫線
（反面）
魔鬼氈
（公扣）
袋身（正面）
①0.1 縫線
魔鬼氈（母扣）

2 側邊縫合

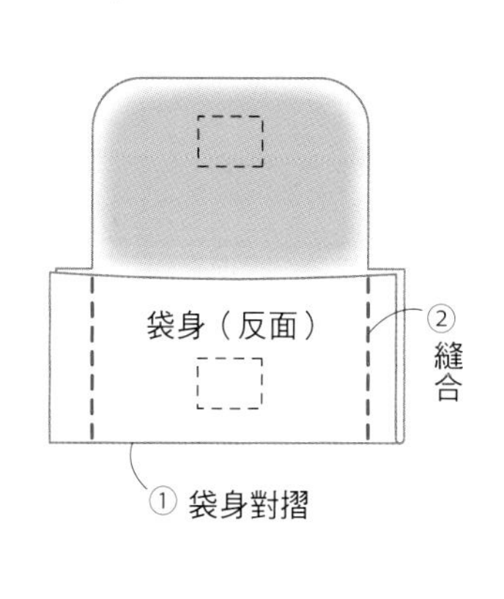

袋身（反面）
② 縫合
① 袋身對摺

3 縫製緞帶

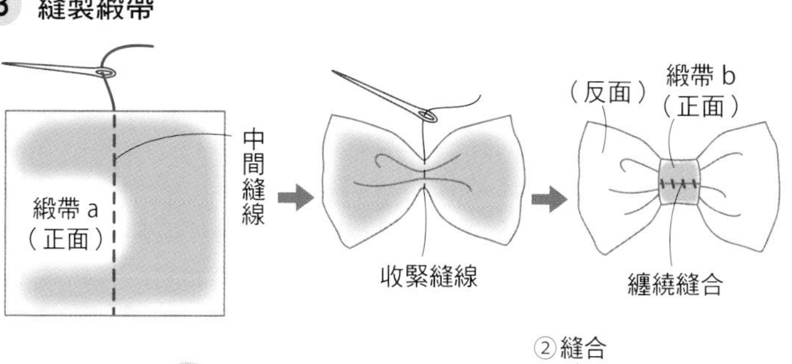

緞帶 a
（正面）
中間縫線
收緊縫線
（反面）
緞帶 b
（正面）
纏繞縫合

4 縫上緞帶

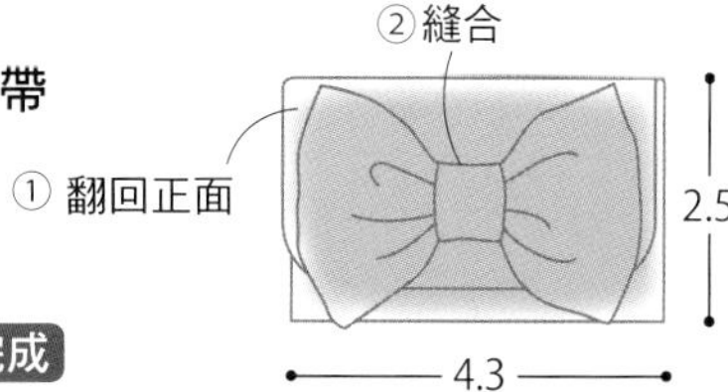

② 縫合
① 翻回正面
2.5
4.3

完成

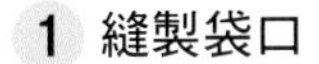
67 製作方法

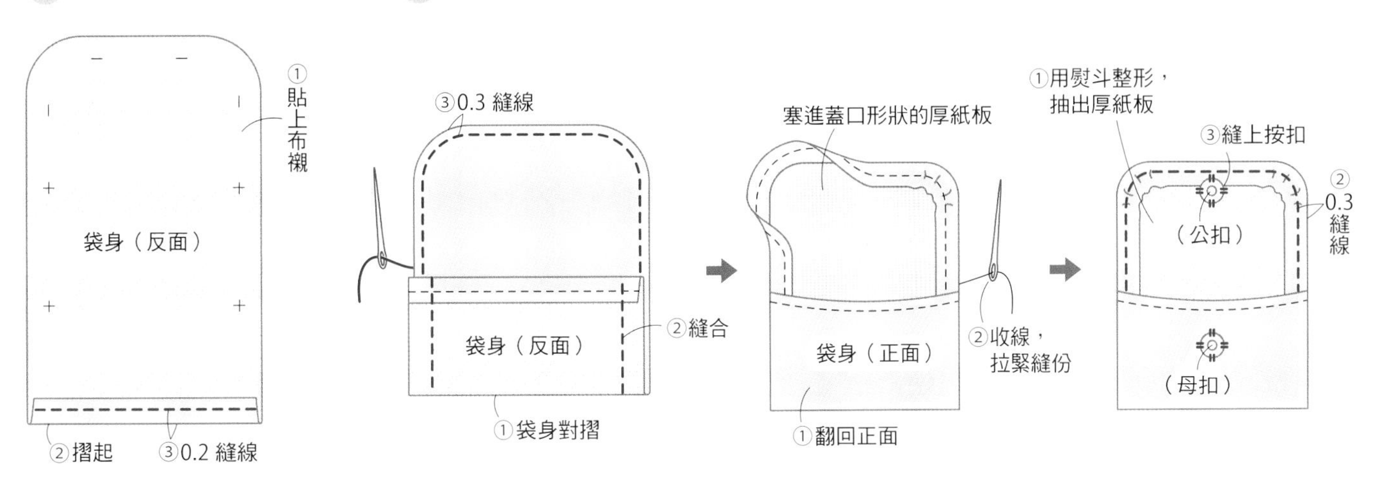
1 縫製袋口
①貼上布襯
袋身（反面）
②摺起
③0.2 縫線
2 縫合側邊，縫製蓋口
③0.3 縫線
袋身（反面）
②縫合
①袋身對摺
塞進蓋口形狀的厚紙板
袋身（正面）
②收線，拉緊縫份
①翻回正面
①用熨斗整形，抽出厚紙板
③縫上按扣
②0.3 縫線
（公扣）
（母扣）

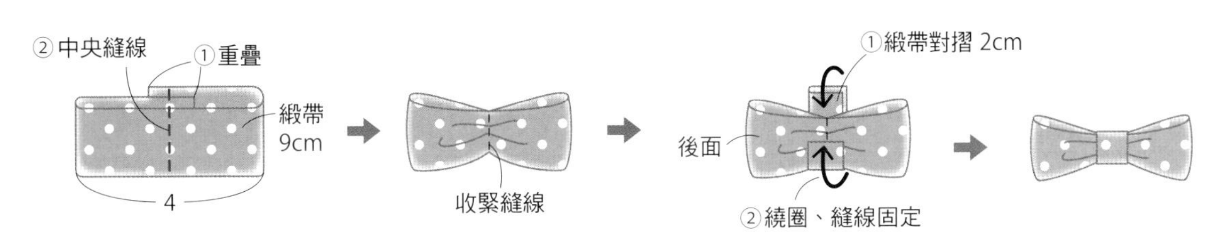
3 縫製緞帶
②中央縫線
①重疊
緞帶 9cm
4
收緊縫線
①緞帶對摺 2cm
後面
②繞圈、縫線固定

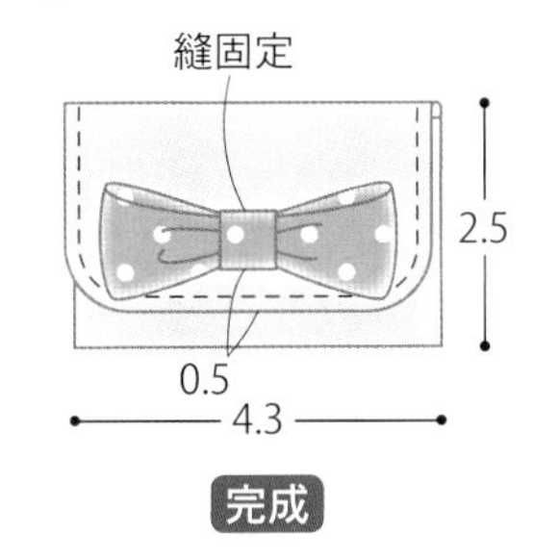
4 縫上緞帶
縫固定
2.5
0.5
4.3
完成

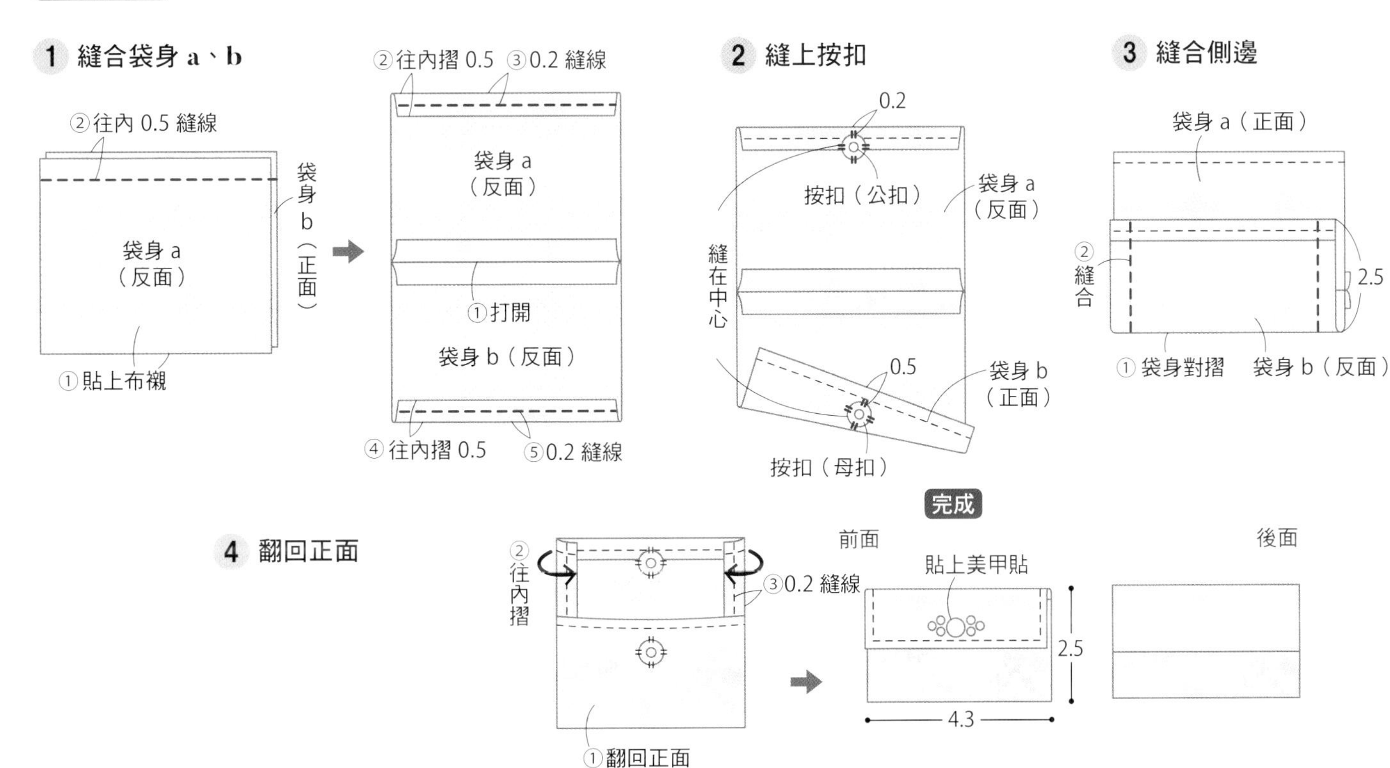
69 製作方法
1 縫合袋身 a、b
②往內 0.5 縫線
袋身 b（正面）
袋身 a（反面）
①貼上布襯
②往內摺 0.5
③0.2 縫線
袋身 a（反面）
①打開
袋身 b（反面）
④往內摺 0.5
⑤0.2 縫線
2 縫上按扣
0.2
按扣（公扣）
袋身 a（反面）
縫在中心
0.5
袋身 b（正面）
按扣（母扣）
3 縫合側邊
袋身 a（正面）
②縫合
2.5
①袋身對摺
袋身 b（反面）
4 翻回正面
②往內摺
③0.2 縫線
①翻回正面
完成
前面
後面
貼上美甲貼
2.5
4.3

第 29 頁 70～72

實際尺寸紙型第 63 頁

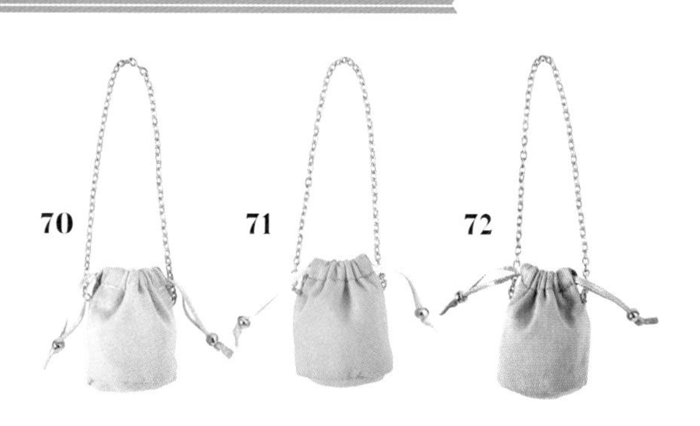

70
71
72

材料（一件份）

A 布（素色棉布）：寬 10cm ×長 15cm

薄布襯：寬 4cm ×長 4cm

沙丁緞帶（0.2cm 寬）：13cm 兩條

圓珠（0.5cm）：2 顆

鏈帶：17cm

製作方法

1 縫合側邊

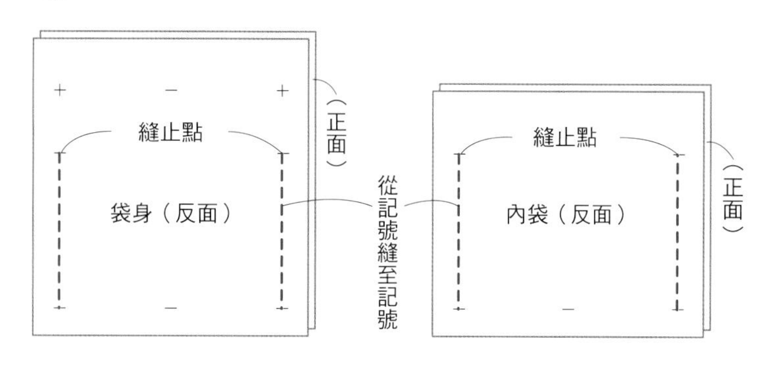

縫止點
袋身（反面）
（正面）
從記號縫至記號
縫止點
內袋（反面）
（正面）

2 與底布縫合

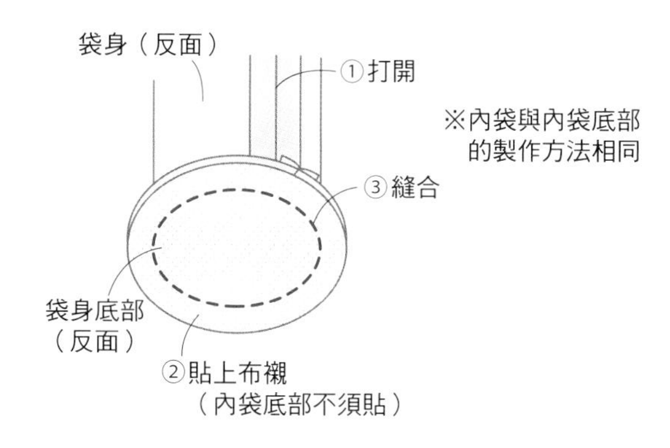

袋身（反面）
①打開
※內袋與內袋底部的製作方法相同
③縫合
袋身底部（反面）
②貼上布襯（內袋底部不須貼）

3 袋身底部與內袋底部接合

4 翻回正面，縫製穿繩孔

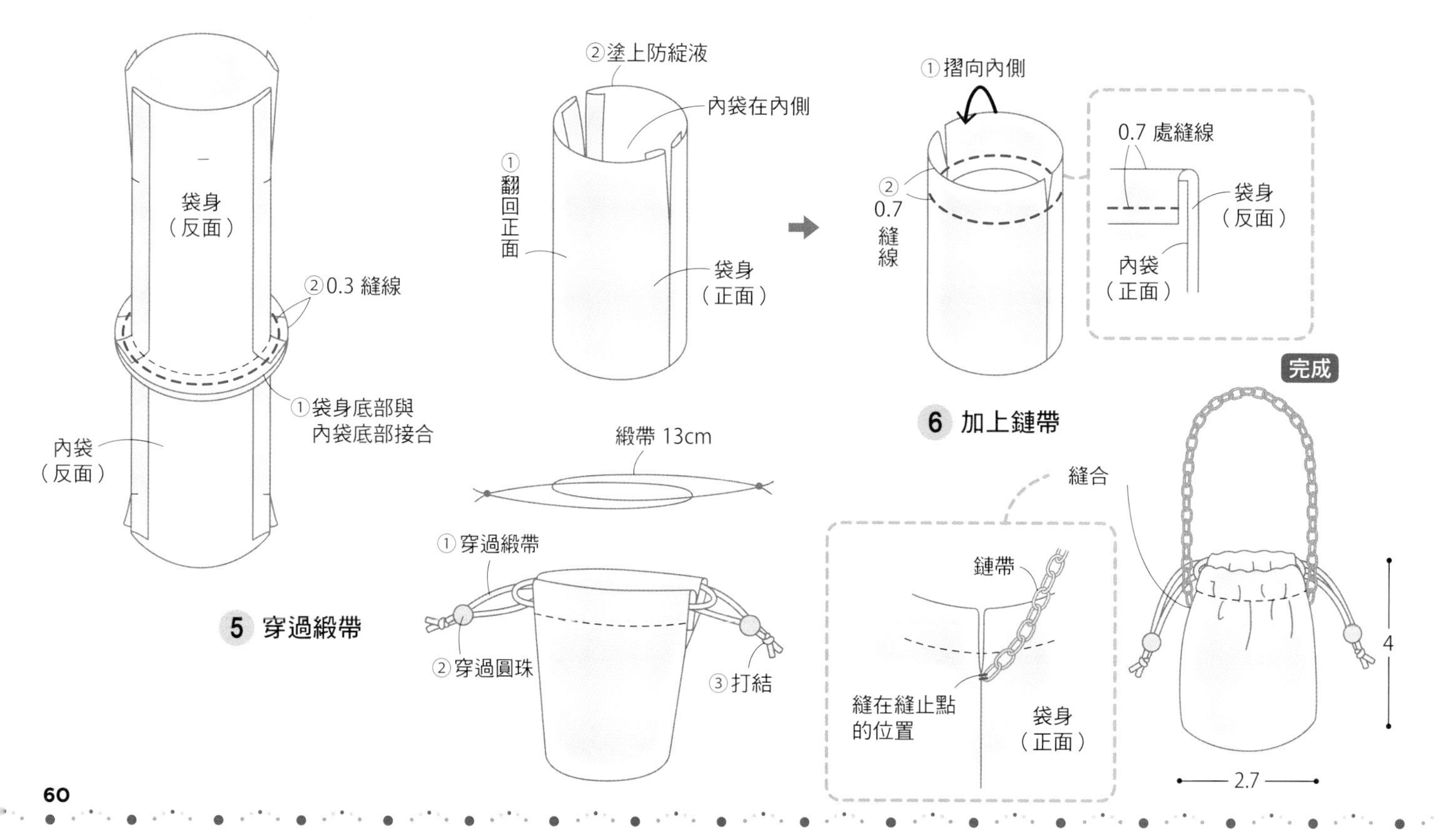

袋身（反面）
②0.3 縫線
①袋身底部與內袋底部接合
內袋（反面）
②塗上防綻液
內袋在內側
①翻回正面
袋身（正面）
①摺向內側
②0.7 縫線
0.7 處縫線
袋身（反面）
內袋（正面）
5 穿過緞帶
緞帶 13cm
①穿過緞帶
②穿過圓珠
③打結
6 加上鏈帶
縫合
鏈帶
縫在縫止點的位置
袋身（正面）
完成
4
2.7

實際尺寸紙型

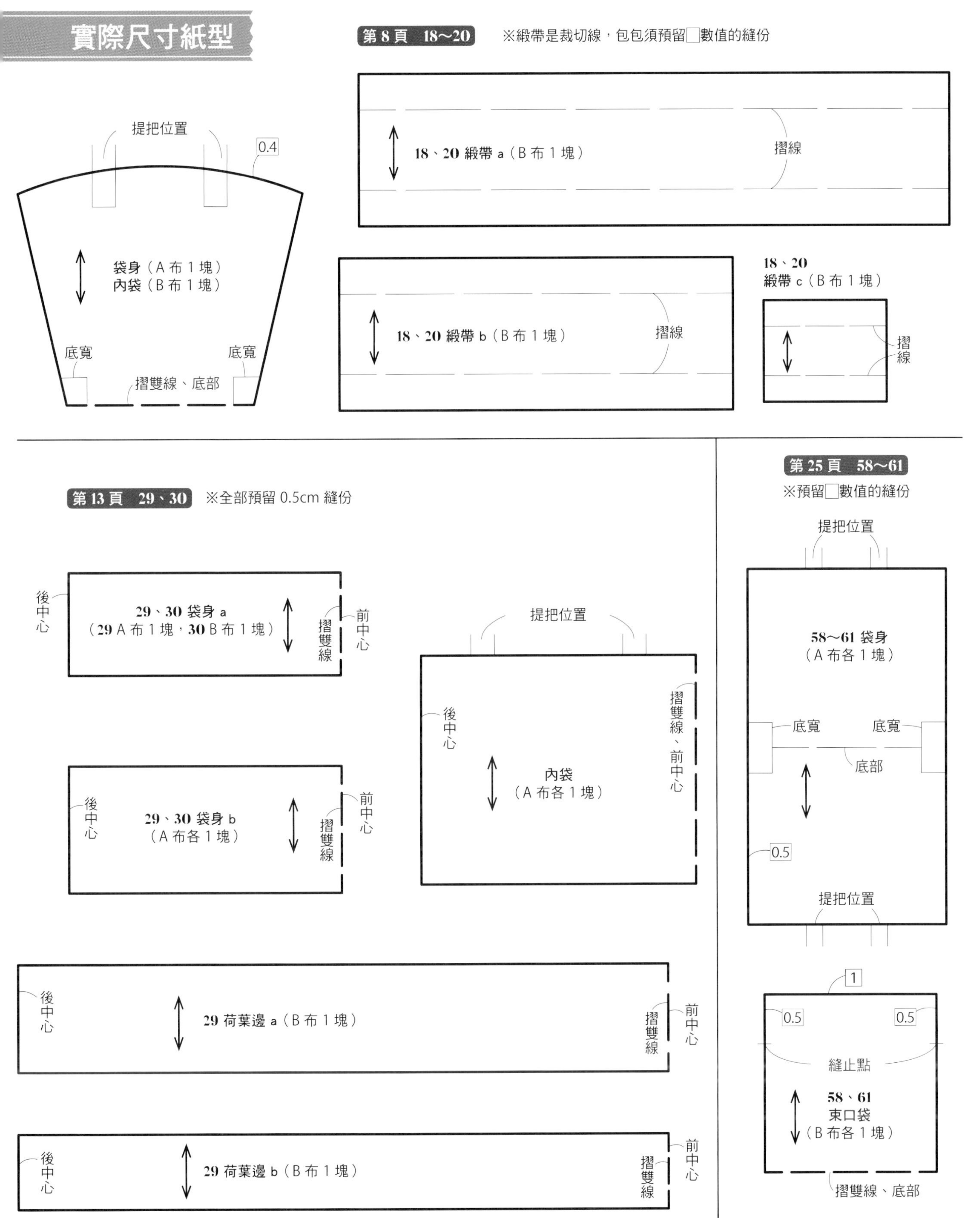

第 8 頁 18～20
※緞帶是裁切線，包包須預留□數值的縫份
提把位置
0.4
袋身（A 布 1 塊）
內袋（B 布 1 塊）
底寬
底寬
摺雙線、底部
18、20 緞帶 a（B 布 1 塊）
摺線
18、20 緞帶 b（B 布 1 塊）
摺線
18、20
緞帶 c（B 布 1 塊）
摺線
第 13 頁 29、30
※全部預留 0.5cm 縫份
後中心
29、30 袋身 a
（29 A 布 1 塊，30 B 布 1 塊）
摺雙線
前中心
後中心
29、30 袋身 b
（A 布各 1 塊）
摺雙線
前中心
提把位置
後中心
內袋
（A 布各 1 塊）
摺雙線、前中心
後中心
29 荷葉邊 a（B 布 1 塊）
摺雙線
前中心
後中心
29 荷葉邊 b（B 布 1 塊）
摺雙線
前中心
第 25 頁 58～61
※預留□數值的縫份
提把位置
58～61 袋身
（A 布各 1 塊）
底寬
底寬
底部
0.5
提把位置
1
0.5
0.5
縫止點
58、61
束口袋
（B 布各 1 塊）
摺雙線、底部

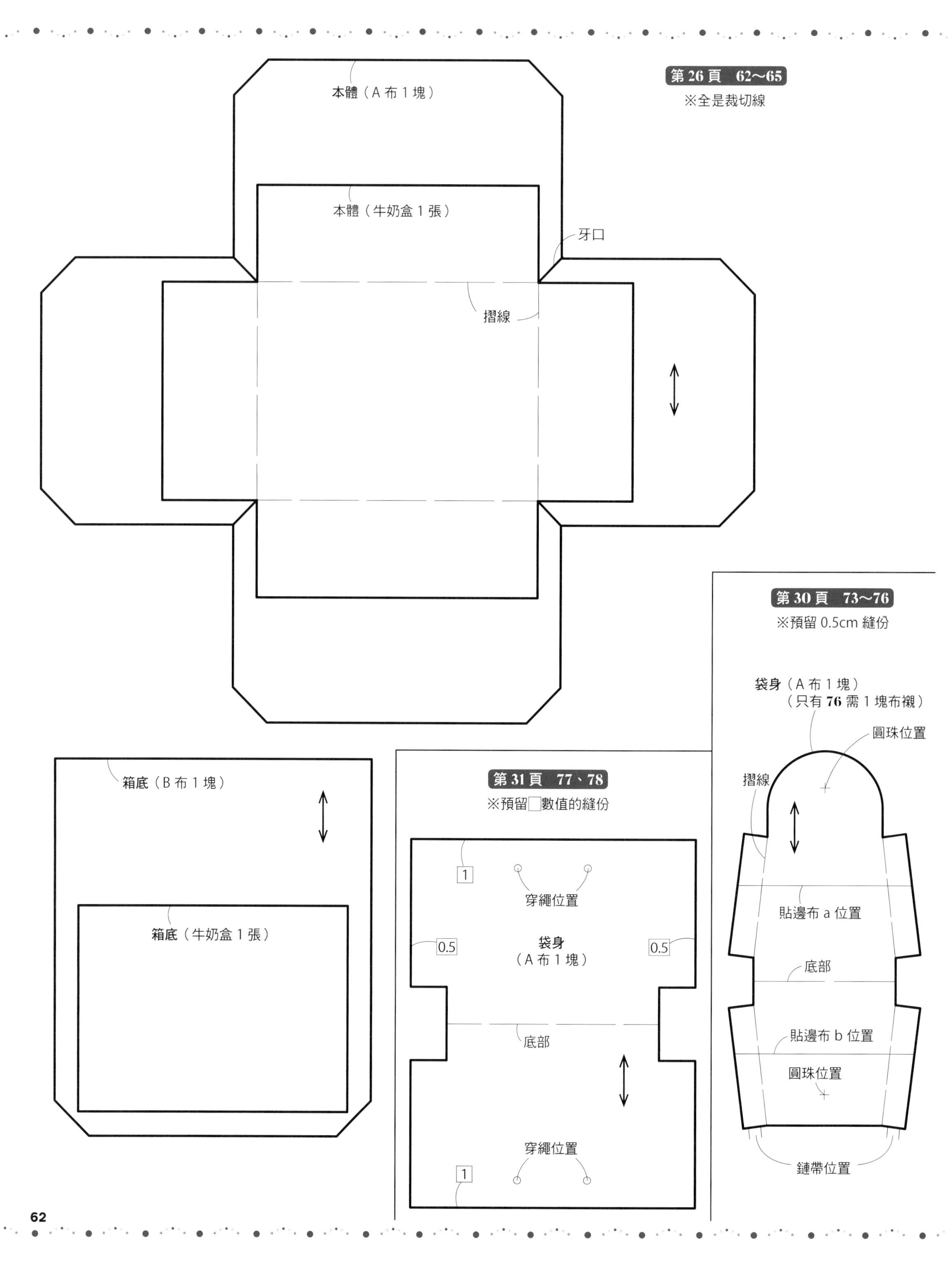
第26頁 62～65
※全是裁切線
本體（A布1塊）
本體（牛奶盒1張）
牙口
摺線
箱底（B布1塊）
箱底（牛奶盒1張）
第31頁 77、78
※預留□數值的縫份
1
穿繩位置
0.5
袋身
（A布1塊）
0.5
底部
穿繩位置
1
第30頁 73～76
※預留0.5cm縫份
袋身（A布1塊）
（只有76需1塊布襯）
圓珠位置
摺線
貼邊布a位置
底部
貼邊布b位置
圓珠位置
鏈帶位置

第 28 頁　66～69　※67 預留□數值的縫份，其他都是裁切線

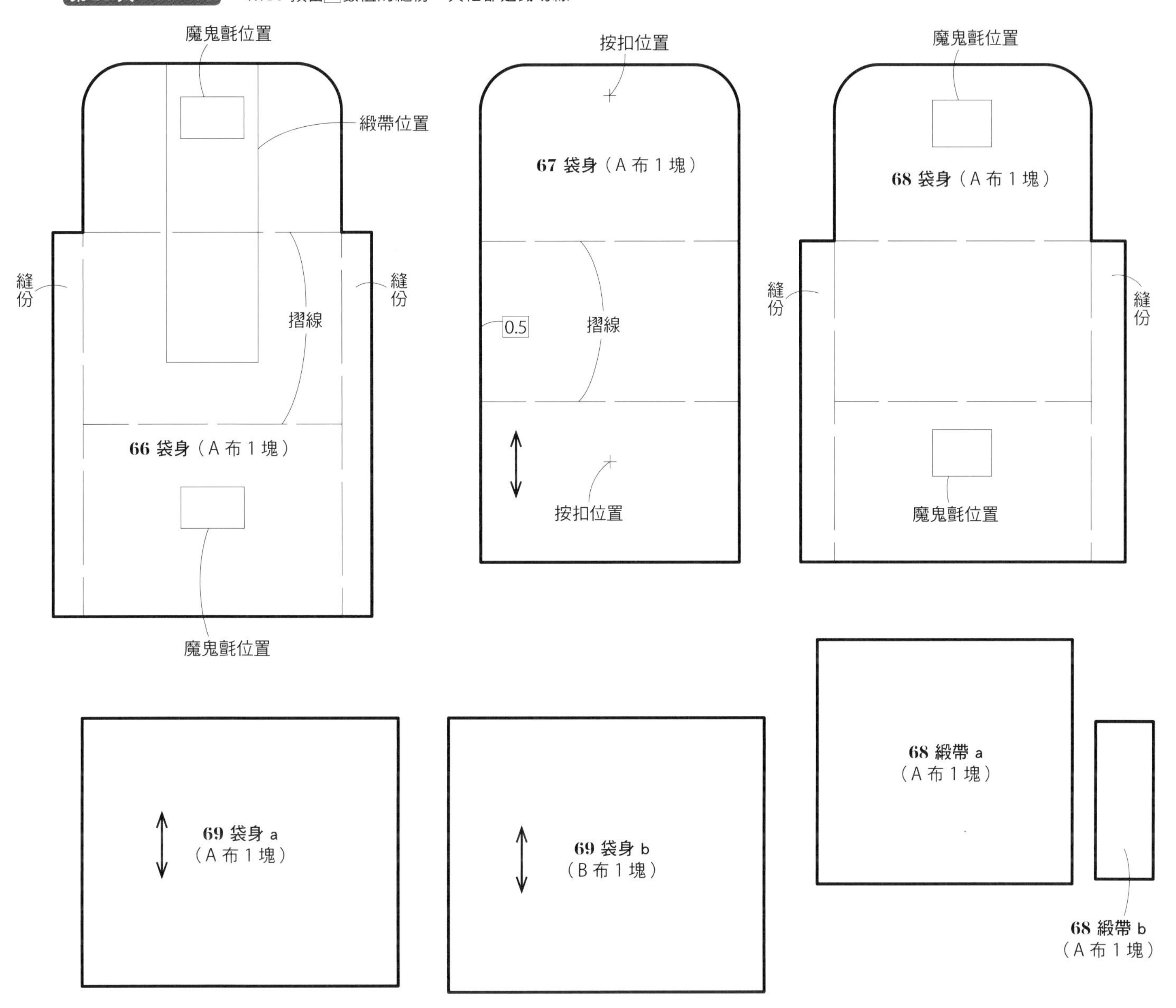
魔鬼氈位置
緞帶位置
縫份
縫份
摺線
66 袋身（A 布 1 塊）
魔鬼氈位置
按扣位置
67 袋身（A 布 1 塊）
0.5
摺線
按扣位置
魔鬼氈位置
68 袋身（A 布 1 塊）
縫份
縫份
魔鬼氈位置
69 袋身 a
（A 布 1 塊）
69 袋身 b
（B 布 1 塊）
68 緞帶 a
（A 布 1 塊）
68 緞帶 b
（A 布 1 塊）

第 29 頁　70～72　※預留□數值的縫份

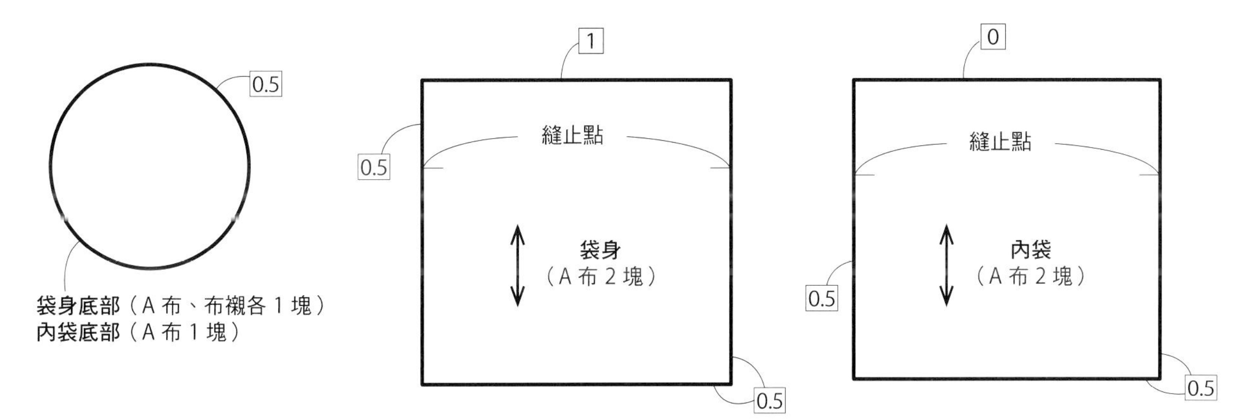
0.5
袋身底部（A 布、布襯各 1 塊）
內袋底部（A 布 1 塊）
1
0.5
縫止點
袋身
（A 布 2 塊）
0.5
0
縫止點
內袋
（A 布 2 塊）
0.5
0.5

事前準備

※本書實際尺寸紙型皆未留縫份，請依照標示預留縫份，裁切布料。
※製作方法頁數中，未特別標示的單位皆為 cm。

實際尺寸紙型的複寫和裁切

1. 先用鉛筆在描寫紙（透明薄紙）或薄紙上，描摹本書的實際尺寸紙型後剪下，也可用影印機複製列印。

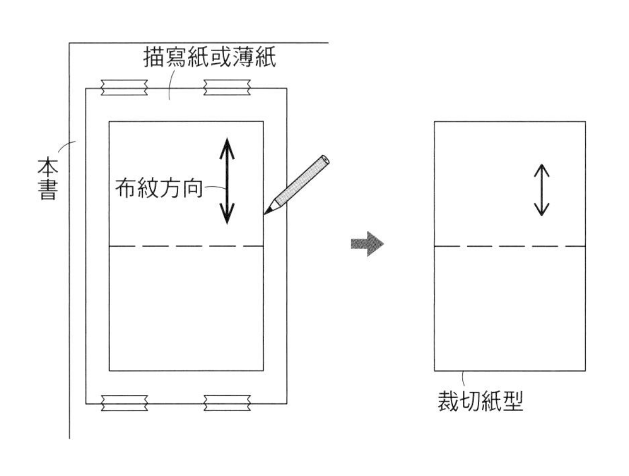

描寫紙或薄紙
本書
布紋方向
裁切紙型

2. 將紙型放在布的反面，用粉土筆畫出完成線。

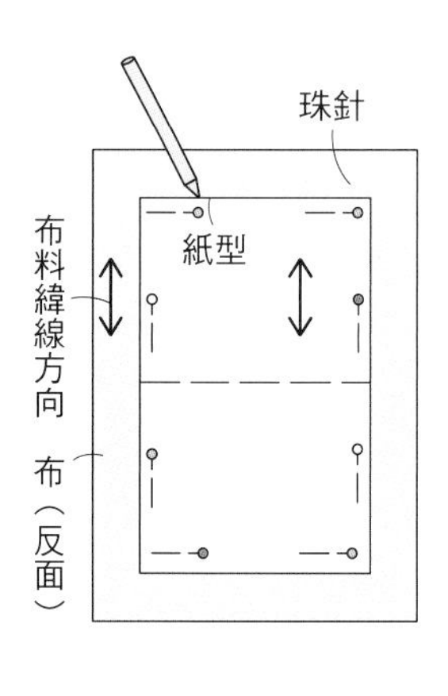

珠針
紙型
布料緯線方向
布（反面）

3. 預留指定縫份後剪下。

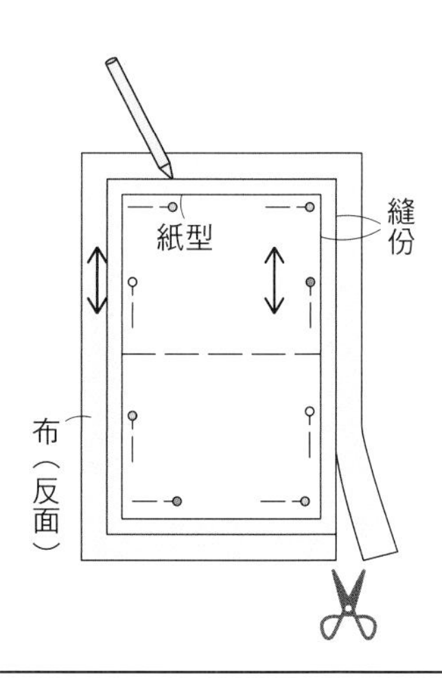

紙型
縫份
布（反面）

紙型記號

完成線	引導線	對摺不剪裁
———	———	摺雙線
布紋	縫線	按扣和鈕扣
←→	- - - - - - - -	＋

※布紋線是指箭頭方向會通過布料緯線。

防綻液

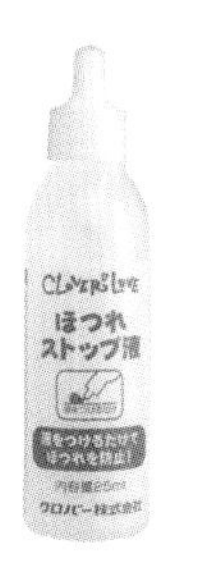

CLOVER
ほつれストップ液

防綻液（CLOVER 提供）
只沾在布邊，防止布邊綻鬚的液體。

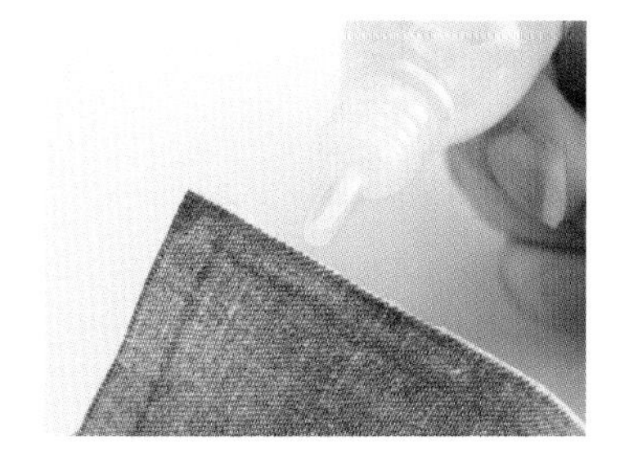

少量沾在布邊，待全乾後才開始縫製。

縫法

縫線

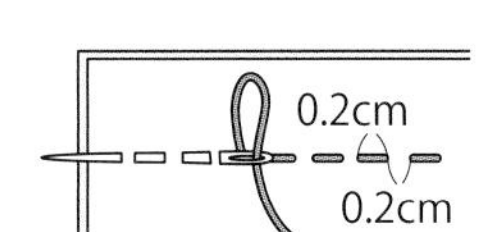

0.2cm
0.2cm

迴針縫

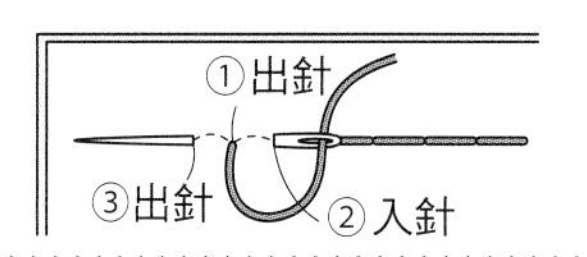

①出針
③出針
②入針

弓字縫

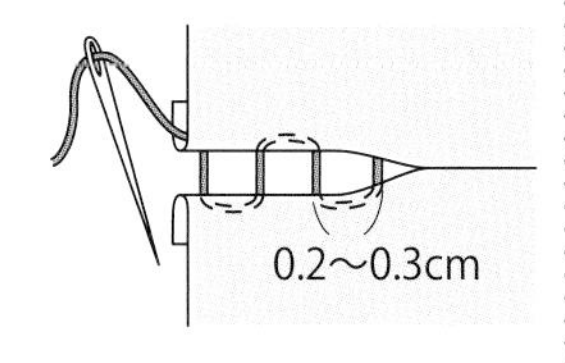

0.2～0.3cm

立針縫

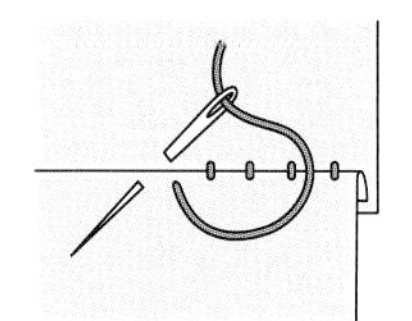

捲針縫

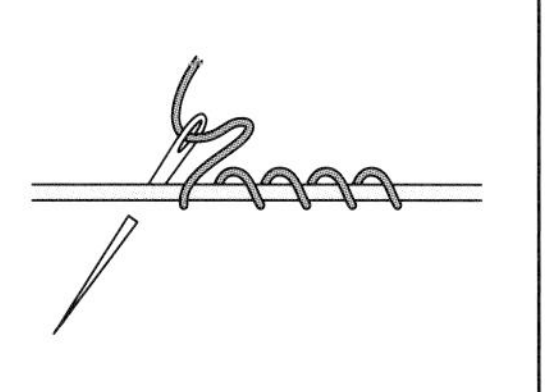

繡線

直針繡

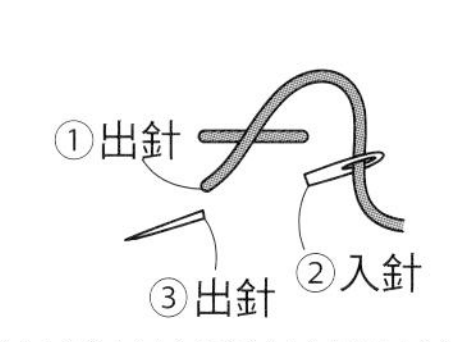

①出針
③出針
②入針

迴針繡

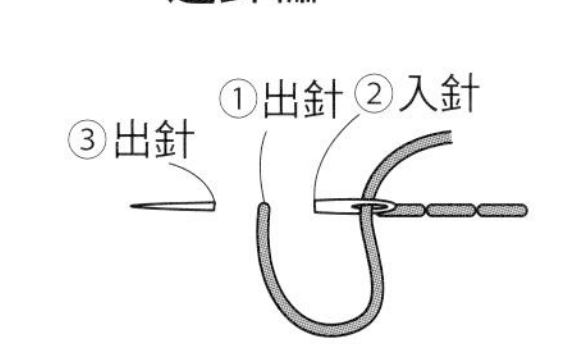

①出針
②入針
③出針

緞面繡

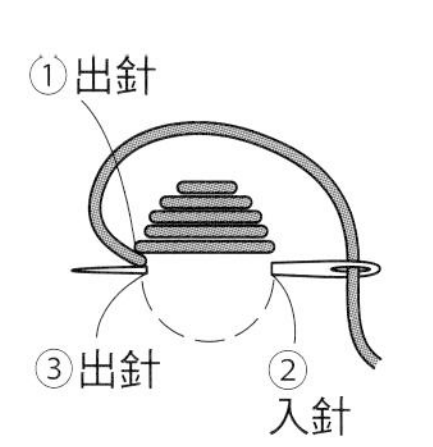

①出針
③出針
②入針

毛邊繡

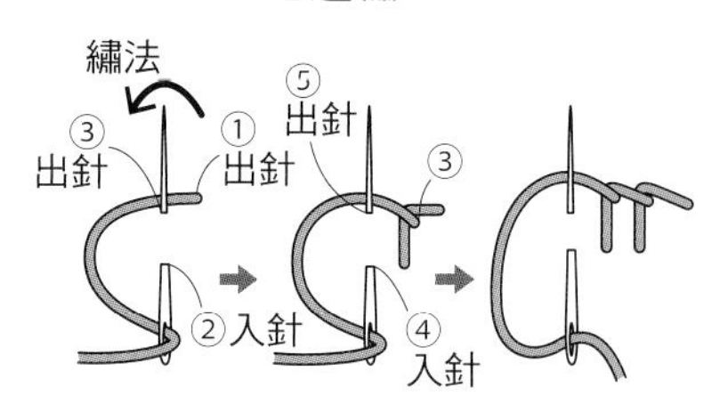

繡法
③出針
①出針
⑤出針
③
②入針
④入針

精選推薦

Dollybird
Taiwan vol.02
Sweet Animal Dolls

Dolly bird Taiwan. vol.2 甜美人偶娃娃特輯

ISBN／9789579559287　作者／Hobby Japan　定價／450

這次送上的是「Hug Me Poi」與「cocoriang 動物人偶」以及「黏土娃」的 2 大特集，可動式的短手、短腳動物玩偶，約可放在手掌中心的尺寸設計，這就是可愛的 Hug Me Poi，也是 cocoriang 的動物玩偶系列大特集派出的第一位主角人物，經過插圖畫家 MAKI 所設定完成的 Hug Me Poi 更是喜愛超迷你尺寸玩家們必見的。

OBITSU 11
荒木佐和子の紙型教科書 4

荒木佐和子の紙型教科書 4
「OBITSU 11」11cm 尺寸の女娃服飾

ISBN／9789579559195　作者／荒木佐和子　定價／400

昨天是端莊典雅的千金小姐，今天走華麗盛裝的蘿莉塔路線，明天想試試水手服…等等，把心愛的孩子打扮得漂亮可愛，是所有娃爸娃媽的一大樂趣，因此開始接觸裁縫的人也不在少數。但是光靠自己摸索實在很挫折，就讓這本「荒木佐和子の紙型教科書 ④」從頭解說做衣服的奧秘吧。

The Doll Scene
時尚娃娃秀

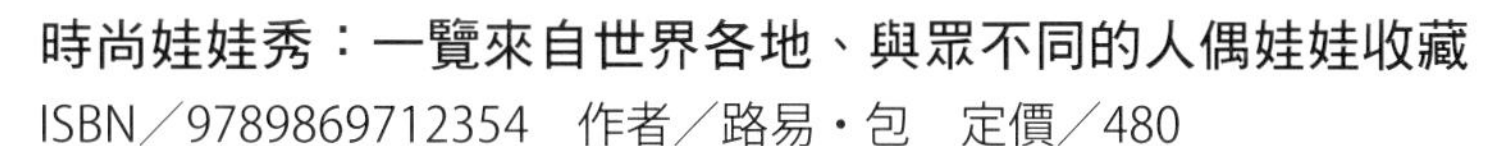

時尚娃娃秀：一覽來自世界各地、與眾不同的人偶娃娃收藏

ISBN／9789869712354　作者／路易・包　定價／480

歡迎來到「時尚娃娃秀」，你即將看到難得一見的特製人偶娃娃。為賦予人偶娃娃獨特性，本書精選的藝術家們以不同的手法進行設計製作，例如：調換身體部件、雕塑臉型、更換瞳片和髮色、加長睫毛、上妝和精心製作服飾配件。

手工縫製&針織娃娃
服裝縫紉書

手工縫製&針織娃娃服裝縫紉書

ISBN／9789869712378　作者／金成美　定價／650

熱愛娃娃的四位手工藝專家，各自利用針、線、布，為可愛的 1／6 娃娃量身訂做出具有巧思的服裝，可看出她們不同的風格與特色。想為自己的娃娃穿上更漂亮的衣服嗎？不妨跟著書中的步驟動手做做看。就讓我們一起進入夢幻娃娃的遊戲世界吧！

第一次製作 1／12 袖珍娃娃服裝設計
基本款的製作方法與訣竅

第一次製作
1/12 袖珍娃娃
服裝設計
Affetto Amoroso

ISBN／9789579559461　作者／Affetto Amoroso　定價／450

在各類娃娃服裝裡，這本書中的尺寸更迷小，是1／12 袖珍娃娃的服裝製作方法與紙型。我們決定收錄的這些款式和紙型，希望能讓讀者在家開心為可愛娃娃人偶親手製作衣服、換裝。服裝袖珍迷你，尺寸小巧，約在兩手間距內就可掌握，製作時不佔空間，使用少量的布料就可製作完成。

迷你造型配件縫製手冊

迷你造型配件縫製手冊

ISBN／9789579559508　作者／関口妙子　定價／380

一本關於如何製作約 30 種微型時尚配飾的書，作者関口妙子。書中詳細說明如何製作逼真的手提袋、帽子、項圈、麂皮抽繩包、編織單肩包、針織帽、絨球圍巾…（附紙型）。這本書不僅適合娃迷，而且適合所有喜歡迷你小物的人。

Jia 娃娃改妝課：打造世界上獨一無二、只屬於我的 Baby doll

JIA 娃娃改妝課

ISBN／9789579559331　作者／金志娥　定價／500

利用藥局販售的去光水，就能輕鬆地將娃娃臉上的妝容卸除。然後利用水性色鉛筆和壓克力顏料，有時候也會用粉彩，隨心所欲地在臉上畫，這樣就完成了。每個人都有一張與眾不同的臉，而且可以做出各式各樣的表情。這種替娃娃畫出新臉的事情，好像跟尋找新的自我一樣。

Doll Coordinates Recipe
Sweet Fairy Tale 甜美的童話故事
娃娃服裝穿搭與製作

娃娃服裝穿搭與製作　甜美的童話故事

ISBN／9789579559409　作者／Rosalynnpelre　定價／450

製作人偶服時，我並不是先畫設計圖再製作，而是從布料、材料等獲得靈感來製作。這本書裏出現的材料、配件、布料等都不是照原樣使用，而是費了很多工夫去處理再利用。比如剪下蕾絲花邊當作花樣、或將花瓣樹脂加工，雖然使用同樣的材料製作人偶服，但只要一點點創意就可以製作出富有變化的作品，我認為這是最大的魅力。